渤海

宝藏

Treasure of
Bohai Sea

渤海
宝藏

齐继光　　丁剑玲◎主编

文稿编撰/王晓霞

中国海洋大学出版社
CHINA OCEAN UNIVERSITY PRESS

·青岛·

魅力中国海系列丛书

总主编 盖广生

编委会

主　任　盖广生　国家海洋局宣传教育中心主任

副主任　李巍然　中国海洋大学副校长
　　　　　苗振清　浙江海洋学院原院长
　　　　　杨立敏　中国海洋大学出版社社长

委　员（以姓名笔画为序）

丁剑玲　曲金良　朱　柏　刘宗寅　齐继光　纪玉洪

李　航　李夕聪　李学伦　李建筑　陆儒德　赵成国

徐永成　魏建功

总策划

李华军　中国海洋大学副校长

执行策划

杨立敏　李建筑　李夕聪　王积庆

魅力中国海
我们的
海洋梦

Charming China Seas
Our Ocean Dream

魅力中国海 我们的海洋梦

中国是一个海陆兼备的国家。

从天空俯瞰辽阔的陆疆和壮美的海域，展现在我们面前的中华国土犹如一个硕大无比的阶梯：这个巨大的"天阶"背靠亚洲大陆，面向太平洋；它从大海中浮出，由东向西，步步升高，直达云霄；高耸的蒙古高原和青藏高原如同张开的两只巨大臂膀，拥抱着华夏的北国、中原和江南；整个陆地国土面积约为960万平方千米。在大陆"天阶"的东部边缘，是我国主张管辖的300多万平方千米的辽阔海域；自北向南依次镶嵌着渤海、黄海、东海和南海四颗明珠；18000多千米的海岸线弯曲绵延，更有众多岛屿星罗棋布，点缀着这片蔚蓝的海域，这便是涌动着无限魅力、令人魂牵梦萦的中国海！

中国的海洋环境优美宜人。绵延的海岸线宛如一条蓝色丝带，由北向南依次跨越了温带、亚热带和热带。当北方的渤海还是银装素裹，万里雪飘，热带的南海却依然椰风海韵，春色无边。

中国的海洋资源丰富多样。各种海鲜丰富了人们的餐桌，石油、天然气等矿产为我们的生活提供了能源，更有那海洋空间等着我们走近与开发。

中国的海洋文明源远流长。从浪花里洋溢出的第一首吟唱海洋的诗歌，到先人面对海洋时的第一声追问；从扬帆远航上下求索的第一艘船只，到郑和下西洋海上丝绸之路的繁荣与辉煌，再到现代海洋科技诸多的伟大发明，自古至今，中华民族与海相伴，与海相依，创造了灿烂的海洋文化和文明，为中国海增添了无穷的魅力。无论过去、现在和未来，这片海域始终是中华民族赖以生存和可持续发展的蓝色家园。

认识这片海，利用这片海，呵护这片海，这就是"魅力中国海系列丛书"的编写目的。

"魅力中国海系列丛书"分为"魅力渤海"、"魅力黄海"、"魅力东海"和"魅力南海"四大系列。每个系列包括"印象"、"宝藏"、"故事"三册，丛书共12册。其中，"印象"直观地描写中国四海，从地理风光到海洋景象再到人文景观，图文并茂的内容让你感受充满张力的中国海的美丽印象；"宝藏"挖掘出中国海的丰富资源，让你真正了解蓝色国土的价值所在；"故事"则深入海洋文化领域，以海之名，带你品味海洋历史人文的缤纷篇章。

"魅力中国海系列丛书"是一套书写中国海的"立体"图书，她注入了科学精神，更承载着人文情怀；她描绘了海洋美景的点点滴滴，更梳理着我国海洋事业的发展脉络；她饱含着作者与出版工作者的真诚与执著，更蕴涵着亿万中国人的蓝色梦想。浏览本丛书，读者朋友一定会有些许感动，更会有意想不到的收获！

愿"魅力中国海系列丛书"能在读者朋友心中激起阵阵涟漪，能使我们对祖国的蓝色国土有更深刻的认识、更炽热的爱！请相信，在你我的努力下，我们的蓝色梦想，民族振兴的中国梦，一定会早日成真！

限于篇幅和水平，书中难免存有缺憾，敬请读者朋友批评指正。

盖广生
2014年元月

Preface 前言

Treasure of Bohai Sea

　　浩渺无际、波光潋滟的神州四海，恰似一匹碧纱，镶嵌在华夏大地的边缘。但是，千万别以为四海相连，就脾性相投。瞧，渤海，这片神奇的海，就有讲不尽的故事。因为她美丽，总荡漾着迷人的笑靥；因为她富饶，总蕴藏着无尽的宝藏。

　　想要了解吗？《渤海宝藏》为您慢慢讲述。

　　渤海生物多样。魅力渤海，向来是海洋生物钟情的栖息地。在这里，各种海洋植物随波摇曳着曼妙的身姿；成群结队、形态各异的鱼、虾、蟹、贝等动物到处翩翩起舞，寻觅乐趣。就连"大块头"的斑海豹、宽吻海豚等动物和天空飞翔的海鸬鹚、黑尾鸥等海鸟也会闻讯赶来，加入到欢乐的海洋世界中。要问渤海最凶险的地方在哪里，那当然是大连蛇岛了，那里神秘、冷酷、寒气逼人。

　　渤海资源丰富。作为中国唯一的内海，渤海坐拥着许多令人骄傲的海洋资源。数不胜数的海盐，享誉全国。被誉为"工业血液"的石油和天然气，储量惊人。种类繁多的滨海砂矿，潜力无穷的动力能源都令渤海喜笑颜开。如火如荼开展的渤海捕捞业和养殖业，也逐渐将渤海的美味推向了世界。

　　渤海考古成就斐然。辽宁绥中三道岗元代沉船、蓬莱沉船等，向我们揭开历史的神秘面纱。寿光双王城盐业遗址群、潍坊东周盐业遗址群等，向我们展现了属于渤海的盐业传奇。流芳万

古的北庄遗址、蓬莱水城等渤海古建筑遗址毫不掩饰地向我们诉说着渤海沿岸的那些辉煌历史。每一次的渤海考古，都是一次历史记忆的修复，也是一次海洋文明的再续。

您还想知道渤海更多的秘密吗？快快翻开下一页，让我们一起走进《渤海宝藏》，一起领略渤海的盎然奇趣吧！

Contents 目录

Treasure of Bohai Sea

渤海宝藏

01

02

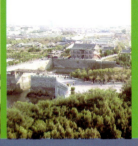

03

渤海

生物万象

BOHAI SEA CREATURES

01

　　海水蔚蓝，碧波荡漾，总有一群群生物对渤海不离不弃、心存依恋。它们，以自己无比的忠诚营建着渤海最妙的乐园，用自己无尽的魅力勾勒着渤海最美的蓝图。放眼渤海，几乎每一个角落都被人类征服，但是对于渤海生物，我们又了解多少呢？现在，就让我们一起出发，探寻渤海生物的秘密吧。

渤海百宝箱

渤海终日不知疲倦地激荡着银色的浪花，舞动着曼妙的身姿。你可知道，在这美丽的渤海中，还蕴藏着一个巨大的、诱人的百宝箱呢。在这里，生性安静的植物正苦心经营着自己的"家族事业"，姿态万千的鱼儿正到处忙着结交各界朋友，披盔戴甲的虾蟹总是尽职尽责地守卫着渤海龙宫的安宁，外坚内柔的贝类早已习惯了用自己的贝壳收录渤海的歌声，而那些轻盈灵动的海蜇则终日悠闲地漂荡在渤海的各个角落。渤海百宝箱，就是这样令人着迷！

植物王国

渤海之美，在于它的灵动升腾，浩瀚起伏；渤海之魅，在于它的静谧深幽，稳重优雅。俯瞰渤海，你会发现"动中有静，静中有动"的惟妙演绎。渤海之"静"，尤其彰显于植物王国当中。试想，一片汪洋中如果缺少了海藻的存在，那将会是什么样的情景？或许一些鱼类会灭绝，海洋里的光合作用会大大减弱……可见海藻有多重要。在渤海里，到处可见这些生机勃勃的植物，它们随着海水的流动摇曳着，朝着阳光的方向张望着。它们是谁？让我们翘首以待。

陆生植物

在海滨荒地上，总有一些植物在顽强地生长，它们将生长的足迹悄悄蔓延至大海的边际，如翅碱蓬、芦苇、水葱、柽柳等。

● 翅碱蓬

翅碱蓬又名黄须菜、皇席菜、黄蓿菜、碱蓬菜等，属于藜科碱蓬属。翅碱蓬，不仅名字众多，居住的处所也不少，在我国的东北三省、内蒙古、陕西、河北、山东、江苏等地均有它们的身影。如果你想到渤海沿岸去见识一下翅碱蓬的风采的话，可以直接去黄河三角洲的滨海盐碱地。

翅碱蓬，一年生草本植物，身高20～80厘米，茎直立，多分枝，喜居于海滨、荒漠等地的盐碱地，与芦苇、灰绿碱蓬、柽柳"做伴"，是一种典型的盐碱指示植物。从破土而出到盛夏初秋时，翅碱蓬都穿一身绿装，清新可人；但是一到晚秋时节，它便会"感伤"时光的消逝，为自己悄悄换上一身红紫色的衣服，瑰丽壮观。

告诉你，翅碱蓬还有一些神秘招数呢。比如，处于分枝期的翅碱蓬有一定的再生能力，即便被采食或刈割，仍可以再次坚强地分枝生长。再如，处于海水中的翅碱蓬也是可以发芽的，只不过长时间的浸泡会减缓它的生长速度罢了，但是一旦露出水面它便可以恢复正常的生长速度了。

在黄河三角洲，翅碱蓬的家族浩浩荡荡，颇有"荒原之魂"的气势。你知道吗？在那个食不果腹的年代，它还曾是无数生灵的救命野菜。功劳如此之大的翅碱蓬，我们自然应该对它肃然起敬。

静静地注视它吧，你还应该知道它浑身是宝。先是翅碱蓬的种子，其脂肪含量高于大豆，并且富含人体必需的亚油酸、脂肪酸等物质。其种子榨的油，不仅可以当作食用油，而且可以当作工业油。另外，其种子榨的油还是制造油漆、肥皂、油墨等的原材料。

"皇席菜"的由来

翅碱蓬，为什么又称"皇席菜"？这还得从薛仁贵东征说起。传说，薛仁贵在东征之时，军粮告急，士兵们只能靠翅碱蓬充饥作战。之后东征告捷，薛仁贵在摆庆功宴时，忆及翅碱蓬的功劳，便命人采集烹制，予名"皇席菜"。

火红的翅碱蓬

↑ 翅碱蓬

再来关注一下翅碱蓬的茎叶，它富含碳水化合物、脂肪、蛋白质、维生素、矿物质等，所以适量食用可以维持体内酸碱平衡，防止衰老。当下，人们常常将食用野菜当作一种饮食时尚，那么翅碱蓬的美味如何享用呢？先将选取的新鲜翅碱蓬幼苗洗净，在沸水中焯一焯，再浸入凉水中捞出，然后将其切成寸段，用蒜泥、盐、醋、芝麻油等调味品搅拌均匀即可。所以只需一小会儿，你就可以品尝到翅碱蓬的清脆味道了。翅碱蓬的幼苗除了可以食用之外，还可以制成动物饲料。由于翅碱蓬体内富含蛋白质，所以用这种优质饲料喂养动物，可以大大提升动物体内的蛋白质含量。

翅碱蓬在医学界也小有影响。它不但对多种硬化症、风湿性关节炎、气喘肥胖症、糖尿病等有一定的疗效，而且可以抑制癌细胞生长，调节人体器官机能，增加机体免疫力。

海洋藻类

"春风吹又生"的涅槃喜悦，夏日青翠的淋漓兴奋，秋风送凉的失意伤感，冬日瑞雪的养精蓄锐，这就是陆生植物的四季性情。那么，海洋里的海藻又有什么样的性情呢？在它们的记忆中，似乎对四季更迭的感受并没有像陆生植物那样来得猛烈、直接，因为它们总是以水为伴，在水流的脉动中感受着轻柔的滋味，在海洋的怀抱中享受庇荫的优越感。

海藻是重要的海洋生物资源，为人类提供了大量的食物、药品和原材料等物质。作为海洋中的"肥沃草原"，海藻种类繁多，形态万千。如海洋单细胞藻类，个头极其微小，要在显微镜下才能看到它们的模样；而像巨藻等海藻的长度可达几百米。我国海藻资源非常丰富，是世界上有名的海藻生产国之一，全国沿海海藻共计830多种，其中有重要经济价值的100多种。渤海的植物王国中，自然少不了海洋藻类的身影。渤海海域的海藻资源相当丰富，仅渤海北部的底栖海藻就有119种，其中包括57种经济海藻。

作为生长在海洋里的"蔬菜"，海藻有着得天独厚的营养价值。在海洋里，海藻可以通过光合作用将无机物转化为有机物，含有陆地植物不可比拟的营养成分。据营养学家介绍，海藻中含有丰富的海藻胶、不饱和脂肪酸、多糖等成分，长期食用对人体非常有益。裙带菜、鼠尾藻、石莼、海蒿子和石花菜，算得上是渤海海藻中的典型代表，它们个个本领非凡，凭借各自体内的许多营养元素，成为医药界和美食界不可或缺的佼佼者。

● 裙带菜

裙带菜，属于褐藻门翅昆布科。裙带菜是温带性海藻，有"海中蔬菜"的美誉。在渤海一带，裙带菜适宜生长在风浪不大、矿质养分较为丰富的渤海湾海域中，固着在1～4米水深的岩石上。大连是全国裙带菜原料的主产地，其产量占全国总产量的80%左右。

裙带菜是一种大型的经济海藻，藻体分为固着器、柄部和叶片三部分。其叶片呈羽裂状，既像破损的芭蕉叶，也像小女孩衣服的裙带。一般说来，植物的营养都是通过其根部获取的，但是对裙带菜来说，其根部的主要功能仅仅是起固着作用，其所需的钙、氮、磷等营养元素的吸收主要是靠它的叶片的裂叶部分完成的。裙带菜的内部结构包括表皮、皮层和髓三部分。

裙带菜又被称作聪明菜、美容菜和健康菜，想必体内一定富集着不少营养成分。的确，裙带菜中的粗蛋白质、精脂肪、糖类、灰分、维生素、钙、碘、锌等营养物质都很丰富。要知道，裙带菜的钙含量是号称"补钙之王"的牛奶的10倍，其锌含量是号称"补锌能手"的牛肉的3倍。经常食用裙带菜，可清理肠道、滋养皮肤、延缓衰老，也可有效降低血液中的胆固醇，防止脑血栓的发生。

↑ 裙带菜

鼠尾藻

鼠尾藻

鼠尾藻

● 鼠尾藻

鼠尾藻属于褐藻门马尾藻属，藻体呈黑褐色，形似鼠尾，主干上面长着数条主枝。一般情况下，鼠尾藻身高3~50厘米，但也有极个别的"大高个"会猛蹿到120厘米。

鼠尾藻是北太平洋西部特有的暖温带性海藻，在我国北起辽东半岛、南至雷州半岛均有分布。鼠尾藻生长在中潮带岩石上或石沼中，生长周期为4~7个月。

鼠尾藻雌雄异株，以固着器再生植株的营养繁殖方式为主，有性繁殖为辅，共同维系种群的繁茂。

含褐藻酸、甘露醇、碘等成分的鼠尾藻，还是一味中药药材。将其入药，能够起到降糖、抗肿瘤、抗癌以及防治甲状腺肿大和颈淋巴结结核的功效。那么你知道如何将刚刚打捞上来的新鲜鼠尾藻制成货真价实的中药药材吗？其实很简单，只需在夏秋季节时，打捞或割取一些鼠尾藻，然后将它们用淡水洗净，再切段晒干即可。优质的鼠尾藻药材，皱缩成团，呈棕黑色或棕褐色，质地柔软，不易折断，气腥，味咸。鼠尾藻经水浸泡后会略有膨胀，并且有黏滑性。

"性情"挑剔的鼠尾藻，自然不会满足仅仅是一剂良药的身份，它还会在别的领域中大展身手。这不，它还是褐藻胶的配合原料和沼气发酵的原料呢？此外，人们还常常用它提取高纯度的硫酸酯多糖和其他海藻多糖，将其烧灰提取氯化钾，将其晒干碾成藻粉后制成渔用饲料。由于鼠尾藻制成的藻粉含有陆生植物不可比拟的海藻多糖等营养成分及多种活性物质，并且含有较多的蛋白质和氨基酸，所以这些藻粉服务的对象自然不一般。到底谁才是鼠尾藻藻粉的消费者呢？自然是海参、鲍鱼等身价不菲的海洋生物了。

● 石莼

石莼，俗称海白菜、海莴苣、石被等，喜丛生。《南越志》云："似紫菜，色青。"《临海异物志》曰："附石生是也。"石莼只生南海吗？未必。在我国，渤海海域也有石莼的身影。

在渤海海域，石莼主要生长在中、低潮区以及大潮干潮线附近的岩石上或石沼中，一般在海湾中比较繁茂。在那里，整日"衣冠不整"、"邋里邋遢"的石莼生长得不亦乐乎。石莼生命力极强，对其居住环境不大挑剔。它耐得低温，也忍得高温，在0℃～35℃温度下均可正常存活。如此随和的个性，使得石莼在我国沿海地区均有分布，其中，辽宁、河北和山东三省分布较多。

⬇ 石莼

天生清洁工

　　虽然石莼自身"邋遢"，但它却是位天生的清洁工。因为它生长快，又能够通过光合作用快速吸收水中富余的营养盐，进而增加水中的溶解氧，净化水质。所以，现在科学家倡导在发展生态养殖技术时，将石莼与其他海洋生物混养（如石莼与对虾混养、石莼与鲍鱼混养、石莼与真鲷混养等），这样便能够利用石莼特有的净化功能为其他海洋生物提供更为清洁的生长环境。

　　在我国，常见的石莼主要有孔石莼、砺菜、裂片石莼等。

　　石莼富含蛋白质、碳水化合物、维生素、微量元素等多种营养物质，对人体的生长发育、正常代谢和生理调节都有广泛的作用。另外，石莼味道鲜美，深受沿海居民的喜欢，是餐桌上的一位常客。幼嫩的石莼不仅可以做菜肴和煲汤，也可以泡茶做清凉剂。如果将石莼晒干，再磨成粉撒到食品上，那也别有一番风味。

　　石莼还是一味中草药，它的药用价值很高，在《临海异物志》、《本草拾遗》、《海药本草》、《本草纲目》等书上均有记载。其中，《本草拾遗》中载："味甘平，无毒"，"下水，利小便"；《海药本草》载："主风秘不通、五膈气，并小便不利、脐下结气，宜煮汁饮之，胡人多用治耳疾。"传统中医认为，石莼具有软坚散结、利水消肿、清热解毒、化痰止咳、降低血压的功能。

　　另外，石莼还是位医药界的"百搭达人"。与海带、夏枯草等配合使用，可以治疗甲状腺肿大；与桑寄生、孺荙草同时煎

↑ 石莼

熬，可以治疗高血压；与藿香、佩兰搭配，可以治疗中暑等；与板蓝根等配合使用，则可以治疗颈淋巴结核等杂症。除此之外，石莼中含有的褐藻胶和硒元素，还可以降低乳腺癌、冠心病、高胆固醇症的发病率。

将石莼与铜藻等量捣烂后，外敷患处以治疗内毒、疮疖等病症；从石莼中分离出来的透明质酸可以有效地防止皮肤衰老，也有助于康复关节炎等疾病。目前，医学家又发现石莼体内有一种名为石莼多糖的物质，具有调节血脂与降低血糖的作用。

海蒿子

在海洋里，总少不了一些医药界的宠儿，它们形色低调却功效惊人，海蒿子就是其中之一。它没有艳丽的服饰，也没有姣好的容貌，在海洋里算是很不起眼的植物了。幸好，善良的海蒿子遇到了慧眼识珠的科学家，浑身是宝的它才出现在我们的身边。

海蒿子有点怕冷，喜欢生活在暖温带地区，只分布在北太平洋西部的海岸地带。在我国，你可以到渤海沿岸去寻找它，尤其是在山东省和辽宁省的沿海礁石上。另外，你也可以在日本和朝鲜等国的沿海海域找寻。如果你想看它们的幼苗，那就一定得选好时间了，因为它们在晚夏和初秋才会"犹抱琵琶半遮面"地出现在我们面前。

海蒿子，又名大叶海藻、大蒿子、海根菜等，是一种多年生褐藻，属于马尾藻科。海蒿子藻体呈褐色，个头中等，高为30～60厘米，只有极少数会长到1米高。它的固着器呈扁平圆形或短圆锥形。海蒿子的藻体主干是圆柱形的，一般情况下是单生，但双生或三生的

⬆ 海蒿子

现象亦很普遍。幼年的海蒿子藻体主干很短，但随着年龄的增长，其主干上会渐渐生出主枝，一段时间之后，在主枝叶腋便又会生出侧枝。渐渐地，海蒿子便从一根光秃秃的枝干长为枝叶繁茂的"小羽扇"了。

海蒿子的叶子很奇特，不仅大小不一，而且形态各异，有披针形的，有倒披针形的，还有倒卵圆形和线形的；较大的叶子长度可达25厘米，而较小的叶子长度仅有2厘米。但是，就算它们差别再大，毕竟出自一个母体，如果仔细观察，也会发现些许相似之处：不明显的中脉状突起，明显的斑点，并且全缘都有锯齿。当然，随着海蒿子年龄的增长，它的分枝活动终有结束的一日。但是海蒿子似乎很不服老，在其最终的分枝上长出了许多气囊，这些气囊幼时为纺锤形或倒卵圆形，顶端有针状突出；成熟时圆滑或具细突起，少数具有大小不同的叶子。气囊具短柄，中空。

⬆ 海蒿子

海蒿子的药效究竟如何？如果说它是"抗癌藻"，是不是就觉得它非同一般了呢？现代医学已经证实，海蒿子的粗提取物对于子宫癌、肉瘤等都有一定的抑制作用。另外，海蒿子中的褐藻酸钠，能够降低人体对某些放射性元素的吸收量，并能将它们排出体外，从而使人体避免或减弱因放射性元素而导致的癌变疾病。

目前，临床上正在试验将海蒿子和黄药子各30克、水蛭6克，均研成细末，用黄酒冲服，辅助医治食道癌和直肠癌。

除此之外，性寒、味咸苦的海蒿子还具有清热祛痰、利水降压、软坚散结等功效，尤其适用于气痰结满、慢性气管炎、小便不利、水肿、高血压、瘰疬、瘿瘤、脚气等病症；海蒿子的提取液具有非常显著的抗凝血作用，对大肠杆菌、金黄色葡萄球菌和绿脓杆菌也有一定的抑制作用。海蒿子中所含的甾醇化合物则具有降低血脂、减少血清和脏器中胆固醇的作用，对防治心血管疾病有一定的效果。

● 石花菜

在水波荡漾的渤海里，生长着许多海洋"小矮人"，个头虽不高，但是并不气馁，总保持气宇轩昂的阵势，直立丛生。它们就是石花菜。

在我国，渤海海域的石花菜质量较好，产期也很长。适合石花菜生长的温度为8℃～28℃，而渤海地区每年有8～9个月的水温处于这个范围。

石花菜名字众多，如果别人向你提到冻菜、牛毛菜、沙根子等，你可不要惊讶，这些名字都是石花菜的别名。

通常，石花菜的着装有红、白两色，通体透明，像极了红色或白色的条形果冻。石花菜下半身扁而上半身圆，即藻体下部的枝比较扁，而上部的枝则多呈亚圆柱形或扁圆柱形。它分生能力很强，藻体的一处被切断后，伤口会很快愈合，大致一个星期，在被切断的旧枝上就能长出新枝，并且断掉的枝也会得到"浴火涅槃"，只要能被固定在一定的基质上，断枝就仍然具有再生能力。

全世界的石花菜属有40多种，我国主要以石花菜、大石花菜、小石花菜最为常见。其中，小石花菜多生长在中潮带的岩石、藤壶以及贝壳上，是我国南北沿海习见的种类，其中以福

⬆ 采摘石花菜

石花菜的人工养殖

　　我国已经成功实现了分枝筏式养殖石花菜。首先在苗种处理方面，选取棵大、枝粗壮、色泽鲜艳的苗种进行分枝处理，再用180股合成的聚氯乙烯细绳夹苗即可。

采摘石花菜

建、广东沿海的产量较大。大石花菜，主要生长在潮下带水底岩石上或"低潮带"水深不到半米的石沼中，主要产于浙江和福建沿岸海域。石花菜很"爱干净"，有严重的洁癖，只能生长在没有被污染的海水中。

石花菜口感爽利脆嫩，是饮食界的美味王。如果怕麻烦的话，那你可以直接凉拌食用；如果你想吃得精细的话，那就多几道工序，将其制作成凉粉。用石花菜做成的凉粉，色泽晶莹又不失质感，含有多种维生素和矿物质，拌以酱油、醋、芫荽等佐料，轻轻咬一口，顿觉凉爽。这种凉粉一年四季都可加工食用，尤其是在炎热的夏天，食用石花菜凉粉可清热解暑、清肺化痰、增进食欲，真是既营养又健康。

石花菜不仅是一道佳肴，而且是一剂良药。生于海洋的石花菜自然富含许多陆地蔬菜所不具备的营养物质，如天然高分子海藻多糖、藻胶、微量元素等。它性寒，味甘咸，具有清热解暑、清肺化痰、开胃健脾、滋阴调理、凉血止血的功效。另外，经常食用石花菜对便秘、高血压、高血脂患者也有一定的调理作用。

除此之外，石花菜还是提炼琼脂的主要原料。琼脂又名洋菜、洋粉、石花胶，是一种重要的植物胶，可溶于热水中。琼脂的用途很广，不仅可以用作食品业中的培养基、凝固剂，医药业中的膏药基、轻泻剂，也可用作工业上的浆料、涂料，酿制业上的澄清剂以及化妆品中的稳定剂、乳化剂。

⬇ 石花菜凉粉

动物王国

舟楫摇曳，渔舟唱晚。丰收时节的渤海，总是洋溢着暖人的微笑，带给人们无尽的喜悦。瞧，在渔民渗透着辛勤汗水的渔网里，那些肥硕味美的鱼儿正活蹦乱跳，势头正猛；而那些看似坚不可摧的小虾小蟹正对着网线寻觅着什么。要说这渔网之中，谁最安静，那一定就是这些形色各异的贝类了，只见它们安安静静地躺在渔网之中尽情地享受着渔民的声声赞美。如果有幸在这渔网中看到海蜇，可千万不要随便伸手触摸，被它们"咬"的滋味可不好受。

鱼类家族

浩海涟漪，圈圈水纹总是随波扩散，那是鱼儿在水底自在呼吸呢！在我国近海海域，姿色各异、习性不同的鱼儿整日划动着鳍"桨"，到处游荡。渤海里，也不乏绚丽多彩、千姿百态的鱼类家族。它们与繁茂丛生的海藻、奇形怪状的贝类等，共同营建了美丽无比的海洋世界。

● 带鱼

海洋里从来不缺乏舞蹈高手，带鱼就是其中之一。要说它的绝技，那一定就是"水蛇舞"了。着一身银灰色舞衣的带鱼，游动时并不依赖鱼鳍，而是全靠身躯的摆动来控制行程，与陆地上滑行的蛇有一拼。在渤海海域，莱州湾、渤海湾、辽东湾这三个海域，水域较浅，温度适宜，是带鱼十分钟情的舞台。

每年春天，当气温回暖、水温上升之时，成群结队的带鱼便会聚集到莱州湾、渤海湾和辽东湾这三块宝地，它们来自济州岛附近越冬场，途经大沙渔场直抵渤海。这支产卵军大致可以分为两个帮派，南派游进渤海之后主要向莱州湾进军，产卵中心主要在黄河口东北处；北派在游进

↑ 带鱼

渤海之后主要在渤海中部和辽东湾东、西两岸扎营。其中，辽东湾东岸的带鱼产卵群体，春汛主要在复县外海金州湾洄游，经长兴岛向北到熊岳河口为止；而辽东湾西岸的带鱼产卵群体则从大清河口出发，经秦皇岛、山海关、绥中等处近海到达葫芦岛海区。

↑ 带鱼

如何挑选优质带鱼?

体表:质量好的带鱼,鳞全且不易脱落,富有光泽,翅全,无破肚和断头现象。而质量差的带鱼,鳞容易脱落,全身仅有少数银鳞,体表光泽较差,有破肚和断头现象。

鱼眼:质量好的带鱼,眼球饱满,角膜透明;质量差的带鱼,眼球陷缩,角膜混浊。

肌肉:质量好的带鱼,肌肉厚实,富有弹性;质量差的带鱼,肌肉松软,弹性较差。

到了秋季,这两支帮派便开始转移阵地,一支游向渤海中部和滦河口近海索饵,另一支便游出渤海海峡到达烟威渔场大饱口福。每当秋末冬初,随着渤海水温的不断下降,带鱼群体便渐渐游离渤海,绕过大沙渔场到达济州岛附近越冬场躲避寒冷,等待来年春天的到来。

柔软的带鱼,体型娇小,头尖尾细,好似一根细鞭。如果伸手摸一摸带鱼的身体,你就会发现带鱼的鳞片退化得比较严重,浑身滑溜溜的,不得不说"肤质"还真不错。带鱼舞技超群,但游泳能力就很难恭维了,在海洋里,经常会见到一条条"发呆"的带鱼。只见它们头向上,身体笔直下垂,只有背鳍和胸鳍一划一划的,看上去真是优哉游哉呢。但带鱼可丝毫不愿放松一点警惕,瞧,它们那双大大的眼睛正一眨不眨地注视着头上的动静呢!一旦"风声"不对,它们便立即摆动背鳍,弯曲身体,要么逃命,要么扑向猎物。

瞅一瞅带鱼的牙齿,便会让人浑身冒冷汗,那一排排尖利的"犬牙"尽显锋芒。带鱼生性凶猛、食性较杂,除

　　了吞食一些毛虾、乌贼和小鱼外，有时候饥肠辘辘的带鱼还会扑向自己的同伴，出现同类相残的局面。我们说"团结就是力量"，团结才会共赢，可惜带鱼不懂得这样的道理，所以经常会为自己的贪嘴而付出生命代价。

　　渔民在捕捉带鱼时，经常会见到这样奇怪的一幕：本来只打捞上一条带鱼，但在这条带鱼的尾巴处还有额外的收获，那就是它的尾巴被另一条带鱼死死咬住不放。更有甚者，一条咬一条、一提一大串。正是带鱼的贪嘴，让它轻易丧命。带鱼中最老的寿星也只能活到8岁左右，平均年龄一般不超过4岁。

　　1龄左右的带鱼，身体就能长到18～19厘米、重90～110克，当年就可以繁殖后代。

　　带鱼的美味人人皆知，而带鱼的药用价值也非同一般。尤其是它含有多种不饱和脂肪酸、纤维性物质等，可以降低胆固醇，防止动脉硬化，辅助治疗白血病、胃癌、淋巴肿瘤等疾病。带鱼中含有的镁元素，有利于预防高血压、心肌梗死等心血管疾病。另外，中医认为带鱼有和中开胃、养肝补血、润泽肌肤、美容的功效。

🌙 炸带鱼

● 小带鱼

在渤海海域，小带鱼和带鱼都游得不亦乐乎，茁壮成长着。"小带鱼不就是年龄较小的带鱼吗？"如果这样理解那就大错特错了，因为对待神秘的海洋生物向来就得谨慎，稍不斟酌便会差之千里。小带鱼和带鱼完全属于不同的物种，虽然它们形似同胞，但仔细辨别，却有许多相异之处。渤海一带的小带鱼非常懒惰，它们终年生活在渤海近岸，懒得洄游产卵。而这种懒惰的小带鱼，就是渤海地区人们俗称的"渤海刀"。

"渤海刀"肉质鲜嫩，营养丰富，蛋白质、脂肪、维生素、碘、钙、磷、铁等营养成分应有尽有。此外，它还是白血病的天然克星。科学工作者常常将其体表面的粉状白色鱼鳞刮下，再经酸化等处理，提取制成6-硫代鸟嘌呤，用于白血病的临床医治。

现在，"渤海刀"竟成为人们朝思暮想的稀罕鱼。在20世纪五六十年代，渤海湾里的"渤海刀"还能形成渔汛。但好景不长，到70年代中期，"渤海刀"便几乎枯竭，渐渐销声匿迹，淡出人们的视野。我们不禁要问，"渤海刀"哪里去了？思前想后，人们只能怪自己，因为是我们人类亲手破坏了渤海这块"风水宝地"，不仅排污泄垢将渤海弄得浑浊不堪，而且时不时对渤海进行地毯式掠夺。就在人类得意洋洋地为自己的智慧拍手叫好时，大多数"渤海刀"已经绝望地跟渤海告别，仅有少数幸运儿在渤海中小心翼翼地生存着。所以，请人类停止贪婪吧，我们渴望"渤海刀"的回归。

小带鱼和带鱼

小带鱼，体型瘦小，且它的眼间隔圆凸，嘴巴呈弧形；而带鱼身材较魁梧，眼间隔平坦，嘴巴比较平直。除此之外，小带鱼的侧线在胸鳍上方不显著下弯，呈直线状，沿体中部后行伸达尾端；而带鱼的侧线在胸鳍上方显著下弯，折向腹部，沿腹缘伸达尾端。

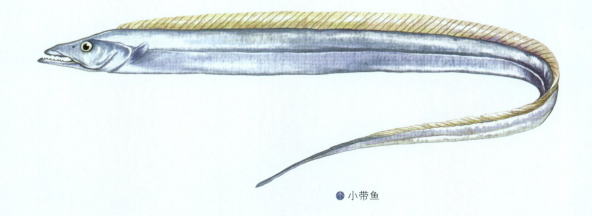

↑ 小带鱼

↑ 鲻鱼

● 鲻鱼

　　鲻鱼主要分布在印度洋和太平洋西部，在我国的渤海、黄海、东海和南海均有分布。鲻鱼洄游季节性较强，对温度的反应敏感。每年的4月下旬，鲻鱼便由黄海南部游向渤海近岸。它们分3支分别游向辽东湾、莱州湾和渤海湾。9~10月，水温下降，它们便游离渤海，到黄海南部集中。鲻鱼的主要食物为头足类、甲壳类、小型鱼类等。

　　鲻鱼是中国渔业史上最早的捕捞对象之一。如果你去山东省胶州市三里河的"新石器时代"遗址去看看，在那里你会有时空穿越的感觉。5000年前的鲻鱼鱼骨头就在这里出土，可见，鲻鱼自古就是人类喜食的对象。的确，鲻鱼的味道真令人垂涎，无论是新鲜烹饪的鲻鱼美食，还是经过腌制加工的鲻鱼鱼干都味鲜肉细，而且营养价值极高。用传统的烹调方法制成的鲻鱼罐头，更别具风味，远销国内外。

　　宋代《雅俗稽言》有言："鲻鱼似鲋而小，身薄骨细，冬天出者曰'雪映鱼'，味佳，夏至味减，率以夏至前后以巨艘入海捕之。"范蠡在《养鱼经》中有述："鲻鱼，腹下之骨如锯可勒，故名。"可见古人已对鲻鱼作了较翔实的记载。

　　鲻鱼不仅味鲜肉细，还富含蛋白质、脂肪、钙、钾、硒等营养物质。鲻鱼含有丰富的不饱和脂肪酸，具有降低胆固醇的作用，对防治血管硬化、高血压和冠心病等大有益处。《本草纲目》中说："……肉甘平、无毒，主治开胃暖中，作鲝尤良。"鲻鱼味甘，性平；能开胃暖中，补脾益气；用于辅助治疗脾胃虚弱，少食腹泻，气血不足和心悸短气。

⬆ 放流黑鲷

● 黑鲷

英姿飒爽的黑鲷，怎一个"酷"字了得！青灰色的外衣间有黑色斑纹，色泽素丽，又不失低调；背上丛立的硬棘尽显朋克风范，好似如今的流行元素——铆钉，这些"铆钉"有十一二个，其中以第四或第五个硬棘最长。不得不说，正是这些硬棘的存在使得黑鲷硬朗了不少。

"硬汉"黑鲷还真是处处留柔情。在渤海，只要稍加留心，就会在该海域的岛屿、岩礁和港湾中邂逅酷酷的黑鲷。渤海就是这些黑鲷的乐园。在这里，它们可以享受舒适的温水泡澡，也可以享用到味美的小鱼小虾，好不自在。在渤海海域，黑鲷主要栖息在山东沿海，每年的5月份是它们最忙碌的时候，因为这时候它们会进行一份神圣的工作——产卵生殖。

黑鲷有着奇特的成长规律，刚出生时都为雄性，以后一部分分化成雌性。

神似"硬汉"的黑鲷，个头并不算大，体形也不算苗条。它们对盐度要求不高，只要盐度在4.09～35.00，它们都能生存。然而，黑鲷对水的温度则不这么随和了，只有水温为10℃～32℃时，它们才能够健康成长。黑鲷的嗅觉与听觉都非常灵敏，它们生性多疑，警惕

⊕ 黑鲷

性高。白天，它们远离海岸，多深隐于水底，一般不外出活动。除非海水浑浊、能见度较低时，它们才偶尔串串门。到了夜晚，黑鲷才会活跃起来，外出觅食。或许是白天补充的能量不足吧，这时的它们非常贪吃，食性也比较杂；不管是植物性饵料还是动物性饵料，只要被它们碰到，都会被狼吞虎咽地吃下去。

黑鲷捕食行为真是名副其实的"刁"，它们常常借助礁石、海浪去搜集美味，活像一位小特工。例如，它们常常躲在海底礁岩的周围，尤其是礁岩后方伺机攻击猎物。黑鲷躲在礁岩后方仅仅是为了躲避猎物的视线吗？不，这只是原因之一。躲在礁岩后方的黑鲷可以趁机减少水流的冲击，这样便可以节省体力；另外，运气好的话，"天上掉的馅儿饼"真的就会直接砸在黑鲷的头上。原来，海中的水流时常会在礁岩后方，形成一种倒卷的涡流，这种涡流会将一些海藻或小型的蟹类、贝类等卷进来并冲到礁岩后方。这么说来，守株待兔对黑鲷来说还真不是寓言了。

帅气的黑鲷还有个非常吉利的名字，叫作黑加吉。或许是渔民喜欢将"吉利"带回家吧，所以，黑鲷常常是渔民的目标猎物。那么，什么时候才是捕捉黑鲷的最佳时间呢？首先，黑鲷贪吃，所以捕捉期最好在其食欲极其旺盛之时——产卵期。即将产卵的黑鲷对水温是非常挑剔的。在渤海海域，黑鲷的产卵期主要在每年的4~5月份。其次，黑鲷是典型的"夜猫子"，所以最好在夜晚捕捉，尤其以无月的黑夜最好。当然，如果不愿夜晚劳作的话，黄昏时间或者黎明前后也是捕捉黑鲷的好时机。

↑ 褐牙鲆

● 褐牙鲆

生鱼片向来是日本料理的主角，夹一片褐牙鲆生鱼片，再蘸点芥末和酱油，轻轻咬一口，别提有多美味了。细白鲜嫩的褐牙鲆肉，看上去如同一块水润白皙的"美玉"。这块

↑ 褐牙鲆

"美玉"营养分量真不轻，每100克褐牙鲆肉大约含有19.1克蛋白质。可谁会想到这么漂亮而又优质的鱼肉却是生长在一条长相怪异的鱼身上的呢。

褐牙鲆的长相真是很奇怪，扁扁的身躯呈长卵圆形，恰似一把带有流苏的蒲叶扇。褐牙鲆的身躯几乎被各种鱼鳍包围，而且这些鱼鳍上面均有暗色斑纹，无形之中便为褐牙鲆又增添了一丝神秘感。浑身一片深褐色的褐牙鲆，一嘴的尖利牙齿，看这样子，它的性情可不会太温柔。如果问褐牙鲆此生最大的愿望是什么，那一定是希望自己在成鱼后仍能够欣赏到身体右边的风景！幼年时的褐牙鲆视力是最佳的，眼睛虽小，但至少一边一个，眼中的世界还比较完整。然而，随着年龄的增长，褐牙鲆渐渐"破相"了，慢慢变成了"独眼瞎"。右眼竟然开始错位，向左移动，以至于褐牙鲆的两只眼睛最终都长在了头的左侧，并且眼球日渐隆起。相信此时的褐牙鲆真是有苦无处倾诉。

有潜沙习性的褐牙鲆，喜欢生活在有碎礁石底质的浅水湾。它们同黑鲷相似，白天的时候一般卧伏于海底，很少活动；一到夜间便生龙活虎地大开杀戒，游动觅食。

对丑陋的褐牙鲆来说，渤海算不上是它们唯一的家，但一定是它们的温馨天堂。每年的3月份一到，褐牙鲆就会渐渐地从海底柔软的泥沙中苏醒，开始舒展筋骨，迎接即将到来的"北漂"生殖洄游生活。想必它们对这段长途旅行相当期待，因为它们就要抵达饵料肥美的渤海了。这不，4月份刚到，它们便兵分两路，一支抵达大连海洋岛南面，5月份抵达辽东半岛东南浅海或鸭绿江口外产卵场；另一支路过渤海海峡，经渤海中部和辽东半岛西浅海，抵达滦河口产卵场。此外，也有少量褐牙鲆去山东半岛南部浅海及连云港外海产卵，还有部分去朝鲜半岛西岸产卵。对于褐牙鲆来说，繁忙的日子总是短暂的，一进6月份，它们便结束产卵，四散索饵饱餐去了。直到10月份，这种逍遥快活的日子才慢慢谢幕，开始调整生活轨迹，向越冬场洄游。

每当春季，褐牙鲆便胃口大开，食量为一年之最。

褐牙鲆可是典型的肉食性鱼类，日子过得相当滋润，终年以其他鱼类、虾类、软体动物、环节动物、棘皮动物等为食，难怪褐牙鲆总是肥滋滋的。一条个头不大的褐牙鲆，体重有时候竟能达到5千克以上！当然，褐牙鲆的好日子也是经历苦难熬出来的。幼年时期的褐牙鲆生活很难，终日提心吊胆的，生怕什么时候一不留神成了别的肉食性鱼类的盘中餐。幼年的褐牙鲆主要以无脊椎动物的卵、桡足类幼体等为饵，渐渐长大一些之后，才开始摄食糠虾和一些小鱼。

● 凤鲚

凤鲚，俗称凤尾鱼。一说到"凤尾鱼"这个名字，让人自然联想到凤凰，难道凤尾鱼真的像凤凰那样令人惊艳吗？事实上，凤尾鱼的长相很平凡。它体型娇小，一点都不圆润，身材扁扁的，倒是尾部尖细窄长，有点像凤凰的尾巴。

⬇ 凤鲚

渤海可谓凤尾鱼的一片乐土。每当春夏之交的时候，凤尾鱼便会告别咸咸的渤海海水，呼朋引伴地游到海河河口附近，吮吸着甜甜的淡水，它们来干什么？它们是来产卵育儿。凤尾鱼平时分散生活在沿岸，生殖时每年5月游向河口，产卵后分散沿岸索饵，在渤海越冬。

凤尾鱼可谓"英雄母亲"。据说，一尾雌性凤尾鱼的怀卵量为5000～18000粒，怀卵量随体长的增长而增加，产卵期为6～9月。即将产卵的凤尾鱼很容易就能被辨认出来，因为它们的尾鳍会稍稍变黄。

凤尾鱼的幼鱼以桡足类、端足类幼体为食；成鱼主要摄食糠虾和毛虾等。

清代王世雄《随息居饮食谱》有言，凤尾鱼"味美而腴"。凤尾鱼肉质细腻，口感鲜美，一直是宴席上不可缺少的美味佳肴。其食用方法多样，既可以红烧、油煎、清蒸，也可以制成罐头食用。不管如何烹饪，相信凤尾鱼的味道都不会让你失望。晒干后的凤尾鱼鱼卵，俗称凤尾子，味道鲜美爽口，但不能贪食，因为凤尾子的油质相对比较多，吃多了会闹肚子。

千万不要以为凤尾鱼只是一道珍馐，它还是医药界的宠儿呢。凤尾鱼性温、味甘，具有补中益气、泻火解毒、活血化瘀等功效，可用于治疗消化不良、病后体弱及疖疮、痔瘘等病症。现在科学研究表明，凤尾鱼含有蛋白质、脂肪、碳水化合物、钙、磷、铁、锌、硒等营养物质。小孩子经常食用，有利于智力发育。另外，近年来，医学家还发现，凤尾鱼能够增加人体血液中的抗感染淋巴细胞的数量，也有益于提高癌症病人对化疗的耐受力。

● 日本鱵

如果一望无际的平静海面，突然跃出一排排惊慌失色的小鱼小虾，那么这起"事件"的始作俑者十有八九就是日本鱵了。日本鱵俗名针良鱼。光看针良鱼的长相，就知道它可不是什么善良之辈。长达10厘米的喙状利嘴定是最吸人眼球之处。可以想象，疾速前进的针良鱼，活脱脱就是一支离弦的银色箭，汹汹而去。

凶神恶煞般的针良鱼，却拥有一堆文雅名字，如因其嘴尖似针而得的"针鱼"，因其身段苗条而得名的"鱵姑娘"，因其嘴型长得像仙鹤而称的"鹤嘴鱼"等。

针良鱼主要分布于北太平洋西部，我国只产于

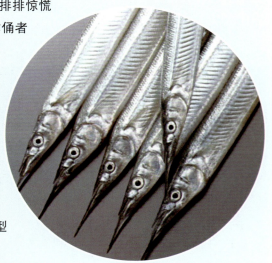

🔺 日本鱵

🐟 日本鱵

黄海和渤海，尤其多集中于浅海河口处，有时候也会进入淡水江河生长。据1991年《山东省志·水产志》记载，针良鱼主要分布于"海州湾、石岛沿岸、烟威近海、莱州东部以及滦河口一带，尤以黄县屺岛和桑岛近海为密集中心"。黄、渤海海域的针良鱼，其产卵期主要集中于每年的5～6月份。

营养价值很高的针良鱼具有丰富的蛋白质和脂肪。山东莱州人更是把吃"针良鱼"称为"过鱼市"。在他们看来，吃过这种鱼后全年都病毒不侵。针良鱼的食用方法多种多样，各有各的风味与特色。煎炸、醋焖后的针良鱼不仅肉质紧致、细腻，而且味道鲜美、回味无穷。另外，针良鱼还是包水饺和氽丸子的极佳食材，是沿海居民饭桌上的常客。值得一提的是，在"过鱼市"时可不能三心二意，说说笑笑，一定要小心翼翼，细嚼慢咽。性情凶猛的针良鱼骨子里都透着一股狠劲，鱼刺十分坚硬，稍不留神便会卡在喉咙处进退两难。

在煎炸针良鱼时，要先将其洗净、刮鳞，去除内脏；然后用鸡蛋、面粉进行勾芡；等油开之后，再将鱼裹芡下锅，这样煎炸出来的针良鱼便色、香、味俱佳了。

要说针良鱼最独特的吃法，那必定就是晒鱼米了。每逢夏季，鱼米钟情者便开始张罗着晾晒鱼米了：首先将洗净的针良鱼撒上盐、胡椒粉，然后上锅蒸；蒸熟之后再将其鱼头、鱼尾、鱼刺等全部剔除；最后把散开的鱼肉摊到竹帘子或席箔上晾晒即可。经过酷夏晾晒的针良鱼便变成了一粒粒可口的鱼米，鲜中带着一丝丝咸味，爽口不腻。另外，这样的鱼米还不易发霉变质，是十足的配料高手。煮面条或拌凉菜时，撒一把鱼米进去，那味道甭提有多鲜美了。

● 红鳍东方鲀

红鳍东方鲀，又名黑腊头，是我国渤海海域重要的鱼类资源。红鳍东方鲀，可谓身份高贵，在2012年，1吨红鳍东方鲀的价格就高达16万元人民币。仗着不菲的身价，红鳍东方鲀也十分得意，瞧它们游泳的样子，就会看出它们有多么"得瑟"了。与其他种类的鱼不同，红鳍东方鲀在游泳时是用背鳍和臀鳍同时左右摆动，身体却纹丝不动。因此，它们的背鳍和腹鳍的肌肉都特别发达。

在20世纪80年代之前，红鳍东方鲀的市场供应，仅仅源于野生的成鱼，其数量自然就不敢恭维了。80年代之后，随着水产专家对红鳍东方鲀工厂化育苗试验的成功，红鳍东方鲀的养殖技术得以推广。河北省唐海县八里滩养殖场是我国规模较大的红鳍东方鲀养殖基地；2012年，山东省第一个国家级红鳍东方鲀养殖基地落户莱州。在渤海湾海域，人们专门从日本引进优质的红鳍东方鲀鱼苗和先进的养殖技术，并利用此地丰富的生物饵料资源精心培育，大大提升了红鳍东方鲀的质量和产量。2005年，渤海湾海域的红鳍东方鲀产量接近5000吨，全部出口到韩国和日本。

红鳍东方鲀的牙齿很特别，不管是贝类、甲壳类还是小鱼，只要被红鳍东方鲀盯上，那一定会小命不保。如果你去调查红鳍东方鲀的胃含物，就会发现红鳍东方鲀是个"杂食大家"，主食贝类、甲壳类和小鱼等。

红鳍东方鲀

盔甲卫队

在我国沿海，整天忙碌着一支"隐形的军队"，它们身披盔甲，威风凛凛。这支队伍庞大，种类齐全，有400多种虾类、600多种蟹类常年定居于此。它们极有责任心，总是义无反顾地承担着保卫龙宫的职责。它们就是甲壳类海洋生物——虾蟹。在渤海，能够欣赏哪些卫队的风采呢？中国对虾、三疣梭子蟹、中国毛虾、脊尾白虾、口虾蛄等应有尽有，它们有的威风凛凛，有的则小家碧玉。是不是很好奇啊？现在就让我们一起去看看吧。

● 中国对虾

中国对虾，又名东方对虾。它细长苗条的身躯，体节连连，共计20节，其中头胸部有13节，腹部有7节。一对红色的触须格外醒目，它们沿着身体伸向后方，可谓英姿飒爽。中国对虾为雌雄异体，两者差别还真不小。雌虾，体色青中衬碧；而雄虾，体色发黄。一般来说，雌虾的个头要略大于雄虾。

中国对虾历来是渤海渔业的支柱，历史最高年产量近4万吨。20世纪90年代初期，中国对虾数量锐减。值得庆祝的是，中国对虾于2005年开始重现虾汛，2011年渤海总产量超过8000吨。

中国对虾主要分布于我国黄、渤海和朝鲜西部沿海。我国的辽宁、山东、河北及天津沿海海域是主产区。

每年，当春姑娘的面纱轻拂海面之时，中国对虾便招呼着同伴一起"携手"向北洄游。一般来说，总是雌虾在前、雄虾在后，经庙岛列岛陆续进入渤海湾与辽东湾。随后，它们便"分手"四散，找寻各自舒适的家园——各大河口附近的浅海，进行产卵，时间一般为4月下旬至6月底。

一般来说，每尾雌虾的年产卵量约为几十万粒，这些对虾卵非常小，400粒卵排在一起才1厘米长。

在此期间，每当一波波新的幼小生命降临之时，就会有大批"慈母"远离这片海洋乐土。只有少部分雌虾会侥幸存活下来，陪伴当年的虾群一起洄游到越冬场，次年再洄游到此处继续产卵。

仔虾需要经历6次蜕变成长为蚤状幼体，一段时间之后再成长为糠虾幼体；之后再蜕变3次，才能长成幼虾。

何谓"对虾"？

对虾，雌雄异体，难道它们经常一雌一雄成对相伴地"秀恩爱"吗？不是。清朝古文字学家、经学家郝懿行《海错》一书中记载，渤海"海中有虾，长尺许，大如小儿臂，渔者网得之，两两而合，日干或腌渍，货之谓对虾"。可见，原来是因为在过去的北方市场上，商人常常以一对为单位来计算对虾的售价；另外，渔民在统计他们的劳动成果时，也习惯上按"对"来计数。日子久了，人们便习惯地称之为"对虾"。

中国对虾

　　水质混浊、底质为软泥沙的浅海是中国对虾心仪的居住处所，它们在这里嬉戏玩耍，捕食生息。中国对虾的食性很广，不大挑食，但也绝不迁就，在不同的生活阶段，它们总要进食不同的饵料。处于蚤状幼体和糠虾幼体的它们，常以多甲藻、舟形藻等为食；仔虾期的中国对虾，则以舟形藻、曲舟藻和圆筛藻为主食，同时渐渐开始吃荤，摄食少量的动物性食物如桡足类；而成虾就不再慈悲为怀，大开荤戒，主要以底栖的甲壳类、头足类等为食。

　　《小壁虎借尾巴》的故事人们耳熟能详，那条神奇的尾巴至今还被人们津津乐道。你知道吗，中国对虾也有类似的特异功能呢！有时候，悠闲散步的中国对虾会不幸遭遇外敌进攻，这时候它们便急中生智将自己的附肢自基部折断，瞬间截肢变残。令人惊讶的是，不久后，这里就会长出新的附肢，尤其是幼年的它们，其再生能力更是令人咋舌。

　　俗话说："宁吃对虾一口，不吃杂鱼一篓。"对虾肥美鲜嫩，是道色味俱佳的海产珍馐。翻阅山东传统名菜，一道道对虾菜肴真是令人垂涎三尺："烤对虾"、"三彩虾"、"溜虾仁"等，应有尽有。一只只熟透的对虾通体橙红，如同一件件珊瑚雕塑，色彩鲜艳，栩栩如生。可是，鲜活的对虾明明就是青中衬碧、青中透黄，这是怎么回事呢？原因就在于鲜活的对虾体内有一种虾青素，它和蛋白质结合在一起，无法现出鲜红的本色，但是一旦受热，虾青素便"原形毕露"，呈现出原来的红色。

● 三疣梭子蟹

在渤海，居住着我国个头较大的经济蟹——三疣梭子蟹。乍一听，就会被这个奇怪的名字吸引，为什么称"三疣梭子蟹"？这得从这种蟹的外形说起。三疣梭子蟹头胸甲呈梭形；此外，中央有3个疣状突起，所以人们便称这种蟹为"三疣梭子蟹"了。

长相如此奇特的三疣梭子蟹，也是渤海的一位常客。它们尤其喜欢山东莱州湾附近的风景，纷纷涌向那里"筑房定居"。因此一般情况下，山东莱州湾的三疣梭子蟹产量，会占到山东省蟹总产量的一半以上。莱州湾对三疣梭子蟹捕捞的历史非常悠久，早在乾隆年间，《莱州府志》就已把三疣梭子蟹列为重要的海产品之一。

⬆ 莱州湾渔船

三疣梭子蟹

"芙蓉菊花蟹"、"雪丽大蟹"、"七星蟹黄",这一道道名字唯美的佳肴一般是宴席上的压轴菜,而它们的原料就是三疣梭子蟹。三疣梭子蟹肉白嫩质细,膏似凝脂,不仅风味绝佳,而且营养丰富。

唐朝大诗人白居易曾在《奉和汴州令狐令公二十二韵》中这样描绘:"陆珍熊掌烂,海味蟹螯咸。"

在渤海边,常常会听到渔民这样说:"春吃团脐,伏吃长脐。""团脐"和"长脐"究竟是什么东西呢?"团脐"就是指雌蟹,"长脐"就是指雄蟹。这是因为雌蟹的脐,比较圆润;雄蟹的脐,则尖而光滑。那为什么春天吃雌蟹,夏季才吃雄蟹呢?因为每年春暖花开的时候,雌蟹就会从黄河口以北的越冬场,陆续游向莱州湾一带"生儿育女"、觅食育儿。这时候未产卵的雌蟹(人称"石榴黄"),鲜香甘腴,尤其以谷雨前后最为丰满。而到夏季时,雄蟹才从越冬场成群结队而来,这支横行霸道的队伍比此时的雌蟹便更显丰腴肥大。

雌蟹的卵粒都附着在其腹肢刚毛上,形成鼓鼓的一堆,渔民称这样的雌蟹为"蹬仔母蟹"。母蟹蹬仔前,肉肥膏满,大者重斤余,而在产卵后体弱肉瘦,香虽不如前,鲜度却有增无减。

🔽 梭子蟹炒年糕

● 中国毛虾

中国毛虾总是披一身雪白的纱衣，瞪着两只褐色的大眼睛。这双眼睛真可谓炯炯有神，毛虾可以借助它的一对长眼柄，在浑浊的污水中来去自如，不迷失方向。

中国毛虾属于樱虾科毛虾属。它是一种生长迅速、生命周期短、繁殖力强、世代更新快、游泳能力弱的小型虾类。平日里，中国毛虾主要栖息在海水的中、下层，只有夏季来临时，它们才会上升到海水表层来透凉。在渤海，中国毛虾的生活很规律，不进行长距离洄游。它们总是在每年的3月上、中旬进入河口浅海水域；4～5月到处寻找食物，填饱肚子；5～7月便产卵繁殖；11月下旬再次移入渤海水深30米处越冬。

在我国，中国毛虾的主要产地在渤海，东海和南海产量较少。

↑ 虾皮（晒干的中国毛虾）

↑ 虾皮（晒干的中国毛虾）

外表文静、体型娇小的中国毛虾向来是各种海水鱼、蟹的天然饵料，钓鱼爱好者常常将其作为海钓的钓饵。如果想让你的鱼钩上出现活蹦乱跳的鱼蟹，那你可以试试中国毛虾。它们可以为你带来鲆鱼、鲽鱼、橡皮鱼、方头鱼、大黄鱼、小黄鱼、叫姑鱼等数十种中、小型海鱼呢。另外提醒一下，如果是想钓肉食性鱼，那么需要将整只虾都挂在钩上；如果是只想钓小型杂食性鱼，那你只要将中国毛虾的虾肉钩上就行了。

⬆ 日本蟳

● **日本蟳**

日本蟳，可不是日本的专有蟳，在我国渤海一带的山东半岛、辽东半岛等地均有它们的影子，它们尤其喜欢栖息于渤海的低潮线附近的水域。日本蟳对生活条件较为苛刻，不但水质要清新，而且一定要有沙质、砾石作装饰，生活颇有品位。争强好胜的日本蟳眼里容不得半点沙子，它们不喜欢群居生活，而是一个个划地为王，各自占据一定面积的地盘。

同刺参一样，日本蟳也会唱"苦肉计"。它们也存在自切现象，而且再生能力很强。一旦自身受到外敌的进攻，迫不得已时，日本蟳便会自行钳去受困的附肢，逃之夭夭。在自切时，日本蟳的步足会因为肌肉的收缩而弯曲，自其底节与坐节之间的关节处，从腹面向背面裂开、断落。一段时间后，日本蟳自切的附肢大多可以重新生出，但一般需要经过2～3次蜕壳，才可以恢复到原来的大小。并且其再生的速度与程度，是与其个体体质及环境有关的。未成熟的个体再生能力较强，而成熟之后的个体，因为它已经不再蜕壳，所以也就丧失再生能力了。

令人惊讶的是，日本蟳自切的断落处几乎没有血液的流失，这是因为它体内的甲壳质薄膜有封闭作用，可以使血液自行凝聚，创伤面自行封闭。

凶神恶煞的日本蟳并不是生来就有资格耍威风，幼年时期的它们也是海洋里的弱者，经常一不小心就会成为一些鱼类的盘中餐。然而一旦长成成体，日本蟳便一扫之前的阴霾，威武雄壮起来。曾有专家研究过日本蟳的食性，发现其中包含33种食物，甲壳类、鱼类、多毛类和头足类应有尽有。每当傍晚来临之时，贪食的日本蟳便开始"摩拳擦掌"，外出觅食了。这时候它的胃口极大，小鱼小虾等休想从它面前溜走。日本蟳虽然贪食，但不会四季都胃口大开。它的摄食量会随着季节的变化而作调整。高温季节，摄食量便大一些，而到了低温季节，它的摄食量便会逐渐减小。

⤊ 日本蟳

● 脊尾白虾

在我国海域，生活着6种白虾，其中产量较大、分布较广的就数脊尾白虾了。一只只脊尾白虾，活似一个个晶莹剔透的美玉。它们通体透明，略带蓝色，所以人们有时候也会亲切地称它们为青虾。但仔细观察这些美丽的精灵，也许会发现这些美玉的些许瑕疵，因为它们身上有一些红色小斑点或隐或现，而腹部各节的后缘颜色也比较深。如此美丽的白虾，渤海怎能不揽入怀中呢？这一揽，还真不少。在渤海，脊尾白虾的产量仅次于中国毛虾和中国对虾，而且在捕捞期内，总能令渔民满载而归。

⤊ 脊尾白虾

脊尾白虾相对于其他白虾来说，最大的辨识标志就是它那呈鸡冠状隆起的额角基部。

活的脊尾白虾是透明的，一旦死亡，体色便变成白色。

脊尾白虾是我国四大海域的常客，尤其以渤海和黄海产量最多。在渤海，4~10月是脊尾白虾的产卵期，这时候到处都可以看到抱卵的亲虾。这种虾个头虽小，但生长和繁殖能力都很强大。通常，幼体经过3个月便可以长成5厘米左右的成虾，而此时的雌虾就有能力产卵了。

令人惊讶的是，脊尾白虾完全有能力在同一亲体同一繁殖期内，进行连续繁殖产卵。但是令人遗憾的是，雌性脊尾白虾在进行了两次以上的繁殖之后便会自然死亡。脊尾白虾的卵很小，呈椭球形，而且刚粘在腹肚上时为橘黄色，渐渐变为橘红色至红棕色。到这些卵粒最后变成灰黑色，脊尾白虾幼体便即将破膜而出了。

一般来说，5厘米以下的亲虾的抱卵量达600粒左右，而7厘米左右的亲虾抱卵量便可以达2000~4000粒。

脊尾白虾的壳很薄，肉质细嫩，加工制成的海米，色泽金黄，大小均匀，体型完整，味道鲜美。除此之外，以脊尾白虾的卵为原料制成的虾子酱油也是人们喜爱的美食。

● 口虾蛄

口虾蛄，又名虾爬子、螳螂虾、琵琶虾、皮皮虾。它们身体修长，一副坚硬的甲壳赫然醒目，显然是个魁梧之士。口虾蛄家族庞大，有60多种。它们都喜欢生活在泥沙或礁石裂缝中，并且常常在这里挖洞，洞多呈U形。

口虾蛄

口虾蛄，生性好斗，是渤海大、中型鱼类争先进食的主要饵料。它的产量较大，据1982～1983年统计，年产量为2500吨左右。每年的12月中旬至翌年的3月中旬，是渤海口虾蛄的越冬期。在这期间，口虾蛄都懒洋洋地睡在自己的穴洞里，熬着时间。到了5～7月份，口虾蛄便爬出暖窝，集中到近岸的浅水区产卵繁衍后代。

食性很杂的口虾蛄，对食物几乎没有选择，而且食性与对虾十分相似，是对虾的主要竞食者。寒冬时节和生殖季节时，口虾蛄的摄食量便日渐下降，尤其是正处生殖时期的雌性口虾蛄，此时会停止摄食，整个繁殖时期胃几乎都是空的。

确定口虾蛄的年龄，是件很难的事情。口虾蛄是多年生且生长缓慢的种类，人们一般会依据它们的身体长度来确定它们的大致年龄。

口虾蛄是一种营养丰富、汁鲜肉嫩的海味食品。其肉质含水分较多，肉味鲜甜嫩滑，极其鲜美。口虾蛄物美价廉，一直是老百姓餐桌上的一道佳肴。

口虾蛄的饮食禁忌

口虾蛄含有比较丰富的蛋白质和钙等营养物质。如果将它们同含有鞣酸的水果，如葡萄、石榴、山楂、柿子等同食，不仅会降低蛋白质的营养价值，而且水果中的鞣酸会和口虾蛄中的钙离子结合成不溶性结合物，进而刺激人体肠胃，出现呕吐、头晕、恶心、腹痛和腹泻等症状。所以，食用口虾蛄与以上水果至少应间隔2小时。

⬆ 清蒸口虾蛄

● 脊腹褐虾

脊腹褐虾，俗称桃花虾。每逢初春时节，桃花虾这个美丽的名字，便会常常挂在人们的嘴边。因为这个时节正值桃花盛开，桃花虾出现短暂虾汛。桃花虾，又名草虾，体长一般在1~6厘米之间，它们主要"扎居"在沿海的浅水处，特别喜欢在拥有大叶藻的水域过"集体生活"。

在山东莱州十大海鲜的名单中，桃花虾赫然醒目。的确，桃花虾不仅名字富有诗意，而且味道给人留下了美好的印象。如此表里一致的桃花虾，真是人们眼中的完美海味。在莱州，春季桃花虾虾汛之际，食客必会争先恐后地购买桃花虾，因为莱州湾的桃花虾虾汛也就1个月左右的时间，所以想要享受桃花虾的美味，必须抢占先机。

莱州桃花虾不同于其他地方生产的桃花虾，这里的桃花虾明显更为"富贵"。初春，桃花虾从泥中爬出产卵，成熟的虾体体态丰腴，常常将薄薄的外壳胀得鼓鼓的。刚刚打捞上来的桃花虾，身体透明，煮熟后呈桃红色，清爽可口，鲜嫩无比。

⬆ 被拖拉机拖上岸的捕虾船

↑ 脊腹褐虾

因受保鲜条件局限，桃花虾常开水焯熟后略微晾干或半干出售；受海区诸因素影响，其天然资源逐年减少，导致桃花虾物以稀为贵，价格连年攀高。

莱州桃花虾之所以如此优质，是因为莱州湾海域有得天独厚的自然条件：风浪小，多浅滩。

营养丰富的桃花虾，不管是凉拌、油炸、清炒还是配以应时菜蔬炒制，"脆、香、鲜、滑"的特点，都会跃然而出。如果在夏季食用的话，完全可以尝试烹饪一道香芹桃花虾的菜肴。当鲜嫩的桃花虾遇上翠嫩的香芹，那份香酥美味会让人入口难忘。具体做法如下：将桃花虾去长须，剔肠线，洗净之后，放入六七成热的油锅中进行煎炒，待到虾体通红后捞出；然后将切好的香芹放入开水中烫一下，捞出并控干水分；之后用油锅爆香葱姜末，再放芝麻油、糖、醋、盐调味，煸炒一会儿后，将之前煎好的虾、烫好的芹段倒入，翻炒片刻即可出锅装盘了。

↑ 脊腹褐虾

渤海"宝贝"

　　漫步在金色的沙滩上，只要有兴致，随手都可以拾到五光十色的漂亮贝壳。它们有的像一把微型扇子，有的像一片花瓣，还有的像一座圆锥形的宝塔。这些贝壳，身价一度不菲，还曾经是人们贸易时使用的货币呢。现在好多与经济价值相关的字都含有一个"贝"字，也源于此。

⬆ 毛蚶

● **毛蚶**

　　毛蚶俗称瓦楞子或毛蛤，贝壳中等大小，壳质坚厚，壳面被有褐色绒毛状的壳皮，故名毛蚶。

⬆ 毛蚶

　　想与毛蚶来个近距离的亲密接触吗，那你就得去对地方。在我国，毛蚶分布很广，南北沿海均有产地。如果想在渤海海域找到它的话，可以推荐两个地方：渤海湾岐口外海和辽东湾葫芦岛外海。这些地方的毛蚶不仅数量多，质量也非常不错。

毛蚶是山东省从自然海区采捕产量最高的一种贝类。山东省毛蚶的分布面积大约为17万公顷，资源量总计34.6万吨。其中，以东营、潍坊两市的产量最多，占全省总量的99%以上。

毛茸茸的毛蚶，喜欢群居生活。你能想象毛蚶齐刷刷地排成一排的场面吗？那场面应该非常恢宏，难怪有人形象地称毛蚶为"海底长城"呢。

拿一个毛蚶放在手里，你会觉得它沉甸甸、毛茸茸的。毛蚶的贝壳洁白如雪，但表面却长了一层紫黑色的绒毛，真是大煞风景。毛蚶的两片壳大小相同，而且都鼓鼓囊囊的，十分坚厚，怪不得你会觉得它有点沉呢。

毛蚶，可以说是一道"懒人菜"。其吃法可以很简单、很原生态，用白开水煮一下，蘸点佐料食用即可。但千万得注意了，一定要煮熟才能食用，否则麻烦事会接踵而来。因为毛蚶可能会有寄生虫，或携带一些甲型肝炎病毒及其他多种病菌。如果处理不当，食用后会引起消化道疾病，严重的甚至会危及生命。毛蚶肉的鲜嫩程度虽不及文蛤、泥蚶，但经常食用毛蚶，对肠胃非常有益。因为它可以化痰、散瘀、消积，有效防治胃胀、胃痛、多痰、胃溃疡、十二指肠溃疡等疾病。

毛蚶可传播甲型肝炎，主要与其生物学特征有关。一只毛蚶每天可以过滤40升水，从而将甲肝病毒在体内浓缩并储存在鳃中。

⬇ 凉拌毛蚶肉

● **魁蚶**

魁蚶俗称赤贝、血贝，属于瓣鳃纲蚶科，是一种大型底栖经济贝类。

一个"魁"字便注定了魁蚶的不平凡。的确，魁蚶不是什么等闲之辈，它是蚶科中的"大高个"。一个成熟的魁蚶，其壳一般长9厘米、宽8厘米、高8厘米。

魁蚶分布于日本、朝鲜、菲律宾及我国。我国北自辽宁，南至广东沿海均有分布。魁蚶的栖息环境多在3～50米水深的软泥或泥沙质海底，用坚韧的足丝附着在泥沙中的石砾或空贝壳上。

魁蚶对水温相当敏感，水温低于8℃时，便停止生长；而水温超过25℃时，就会发生死亡。适应的盐度范围为26～32。

与毛蚶相似，魁蚶也有两扇长卵圆形的贝壳，坚实且厚；白白的壳面，也被一层棕色绒毛覆盖。除此之外，两者的药用功能也出奇地相似，魁蚶也有"益血色，消血块和化痰积"之效。

毛蚶和魁蚶的区别

毛蚶放射肋的条数为30～34条，魁蚶放射肋的条数为42～48条，多为43条。毛蚶壳面被有褐色绒毛状壳皮。魁蚶表面被棕色壳皮。

魁蚶

● 大竹蛏

在渤海莱州湾一带，有这样一种奇怪的海洋生物：壳体呈长方形，壳面光滑，壳质脆弱，两壳合抱后呈破裂竹筒状。它，就是大竹蛏。一般来说，大竹蛏的个头在11厘米左右，但个别体能旺盛者可以达到22厘米以上。

大竹蛏四海为家，在我国南、北海域均有分布。平日里，它生活在潮间带中、下潮区至浅海的泥沙质海底，将自己的大部分身体埋入泥沙中。一旦感觉风吹草动、危机四伏时，它便会迅速地收缩其出、入水管，将身体全部埋入泥沙中。如此"依恋"泥沙的大竹蛏，在泥沙中是什么姿态呢？舒舒服服地躺着？不，它一直坚持用其强有力的锚形斧足保持直立状。饿的时候，大竹蛏常常摄食一些浮游植物和有机碎屑。

采集大竹蛏非常麻烦，而且技术含量很高，要想找寻到大竹蛏的住所就不是一件容易事。一般来说，在退潮后，如果你发现泥沙岸上出现了两个紧密相邻、大小相等的小孔，并且在受震后能够下陷成为一个较大的椭圆形的孔，那么恭喜你，你如愿找到了大竹蛏的孔穴。如何采集呢？不同沙质的海滩办法还不一样，但不管是什么方法，记住行动一定要狠、准、快。一般的泥沙滩，人们常常是在不惊动大竹蛏的情况下，用铁锹迅速下挖30～50厘米，以此获得。若是在较硬的泥沙滩，那么可以用铁锹铲去表面的一层薄薄的泥沙，使其穴口的暴露面更大，然后将食盐放入其穴内；不一会儿，大竹蛏就会受刺激而从穴位深处爬升到穴外。冬季，要想发现泥沙底下藏的蛏穴很不容易，只有用粗绳索，在沙滩上从内向外打圈般地拉刮沙滩上的泥糊，才能发现大竹蛏的气孔。

↑ 大竹蛏

↑ 烤大竹蛏

⬇ 鸟蛤

● 鸟蛤

在世界海域里，鸟蛤的"家族成员"还真不少。多刺鸟蛤、黄鸟蛤、大西洋草莓鸟蛤、大心鸟蛤、太平洋巨鸟蛤、太平洋卵鸟蛤、红鼻鸟蛤、棘刺鸟蛤等。鸟蛤，俗称鸟贝。在渤海，常见的鸟蛤"家族成员"主要有滑顶薄壳鸟蛤和加州扁鸟蛤。另外，在辽南沿海海域中，还生活着一种鸟蛤，号称"鸟蛤中的极品"，因形似金钩，故人送称号"金钩鸟贝"。

鸟蛤，又名石垣贝，因其形状酷似鸟头而得名。它是一种大型、深水埋栖的双壳贝类，坚厚的贝壳呈卵圆形，壳面稍扁，呈黄褐色，其壳长稍大于壳高，两壳大小相等。鸟蛤的生长速度在贝类中算是很快的，其双壳的长度1年就可以长至7厘米左右。另外，它的足部肌肉非常发达，并能时常用足从海底飞跃跳起运动。

鸟蛤肉质鲜美，脆嫩可口，具有清热解毒、滋阴平肝、明目且防眼疾等功效，非常适合阴虚内热之人食用。如此鲜嫩的海味，如何烹饪才能确保其原汁原味的口感呢？可以尝试一下葱油鸟蛤的做法。首先将新鲜鸟蛤的双壳和内脏去除，用清水清洗干净，并将其倒入沸水锅里汆水，1分钟即可；然后将焯过水的鸟蛤滤水后放在切好的黄瓜丝上，再在其上面放调料汁、醋、白糖、葱丝、姜丝和香菜；最后在锅中倒入适量油，烧开后放入花椒，并趁热将油快速均匀地浇在葱丝、姜丝上爆香即可。

⬆ 鸟蛤

● 脉红螺

"酒痕衣上杂莓苔，犹忆红螺一两杯"，"每向东华散玉珂，相于花下酌红螺"，"倾绿蚁，泛红螺，闲邀女伴簇笙歌"。自古以来，外形优雅的红螺，就常常出现诗词之中，成为人们传递情感的一种寄托。属于黄海和渤海海域特有的一种红螺叫脉红螺。脉红螺贝壳坚厚而透光，呈螺塔状。

脉红螺属于腹足纲前鳃亚纲新腹足目骨螺科，俗名瓦螺、海螺。

想要倾听渤海的歌声吗？那你需要浪漫一回了。捡一只大大的脉红螺壳，然后把它放在自己的耳边，你就可以听到一阵阵动听的声音了。在渤海，要想觅得脉红螺，最好在阴天去潮下带的岩礁石缝间下一番功夫。脉红螺的分布比较广泛，在渤海湾、莱州湾和大连沿海均有分布。

脉红螺没有洁癖，能适应恶劣的水质，对自己的居住环境没有严格的要求。每年5～8月，渤海海域的脉红螺就会进行交尾产卵工作，这时的雌性红螺便会散发出"母性"的光

红螺是如何捕食贝类的?

红螺在捕食贝类时，常常会从其体内分泌出一种酸性液体，并用这种液体将贝壳腐蚀出一个小孔。当这些准备前奏做好之后，它们便会将其又尖又细的舌头神不知鬼不觉地伸进贝壳体内，将贝类的肉体吸吮干净。

◉ 脉红螺

辉，渐渐地将自己"打扮"成菊花花瓣的样子。这是怎么一回事？原来，雌性脉红螺可以产很多卵袋，而每一个卵袋中又包含着成百上千个卵子。当这些卵袋附着在岩石上时，你就会发现它们的样子极像菊花，所以渔民亲切地称它们为"海菊花"。

脉红螺的肉，尤其是其足部的肌肉非常美味，可以跟鲍鱼相媲美，所以人们常常称赞其肉质为"盘中明珠"。送给脉红螺这个称号一点都不为过，因为脉红螺肉不仅味道鲜嫩，而且富含维生素、蛋白质、氨基酸、铁和钙等营养物质。在医学界，人们常常用螺肉医治目赤、黄疸、脚气、痔疮等疾病。

脉红螺肉好吃，但不能全吃。在食用时要将其头部肌肉中的消化腺摘除，全部食用容易出现头晕、局部麻痹甚至昏迷的状况。

🔵 脉红螺

轻盈精灵

头撑一顶蘑菇形"降落伞"的海蜇，天生就是海的儿女。因为在其体内，95％的成分都是水，如此"水灵"的生物，自然是渤海不愿遗弃的"常住居民"了。这些轻盈的海蜇总是头撑一把晶亮的"保护伞"，大跳"呼吸之舞"，为渤海增添了一份灵动。

● **海蜇**

在渤海里，那些白白净净的"水中蘑菇"，总是由着自己的性子到处漂荡。在它们的眼中，生活就应该是如此的自在、随性。海蜇是水母的一种，是唯一可食用的一种水母。海蜇最喜欢半咸半淡的泥沙底质的河口水域，只要选好了居所，它们便终生在那里漂来漂去，不离不弃。在这里，海蜇终日用它们的"玉体"到处装饰点缀。在渤海海域，要想见到这些忠贞的精灵，去辽东湾海域方是上策。辽东湾海域一直以盛产海蜇出名，在20世纪80年代，它是国内唯一能形成海蜇渔汛的地区，是全国最大的主产区。

辽东湾北部近海海域的大型水母种类主要有沙海蜇、白色霞水母和海月水母。其中，海蜇和沙蜇是优势种。

认真审视一下海蜇吧。它们形如蘑菇头的部分叫作"海蜇皮"，"海蜇皮"是一层胶质物，营养价值较高；而其伞盖下像蘑菇柄一样的口腔与触须便是"海蜇头"，"海蜇头"稍硬，营养胶质与"海蜇皮"相近。

"海蜇头"及"海蜇皮"都有化痰、软坚、降压、润肠等功能。从海蜇中提取的水母素有抗癌、抗菌、抗病毒的作用，适合肿瘤患者及感染者食用。如果头痛不止的话，可以将海蜇皮贴在太阳穴上止痛；将海蜇皮贴在膝盖上，可以祛风湿、止痛。

↑ 辽东湾海蜇

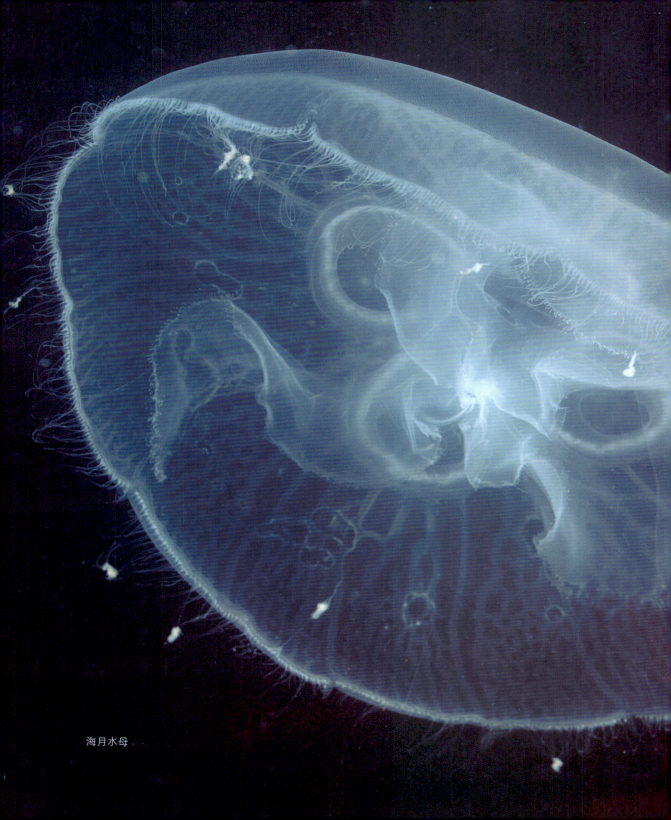

海月水母

沙海蜇

凉拌海蜇头

　　海蜇看上去很柔弱，但其实它"外柔内刚"，因为它们拥有属于自己的"秘密武器"——刺丝囊内的毒液。海蜇的毒素由多种物质组成，一旦被海蜇触伤，便会红肿热痛、表皮坏死，并且会出现全身发冷、烦躁、胸闷、伤处疼痛难忍等症状，严重时可导致呼吸困难、休克进而危及生命。

　　黄海、东海、渤海的海蜇都有毒，但是毒性较小，通常来说，青色的海蜇毒性更大些。

　　我国是世界上最早食用海蜇的国家，早在晋代张华所著的《博物志》中就有相关记载。外形轻柔的海蜇，味道相当鲜美，口感清脆，别具一番风味。如果在食用海蜇时，能够搭配一下别的食材，那味道更佳，营养更全。譬如，将滋阴润肠、清热化痰的海蜇与健胃消食、养肝明目的胡萝卜和瘦猪肉一起煨制，会打造出一份消痰而不伤正、滋阴而不留邪、老少皆宜的靓汤。此外，也可以海蜇与猪血、海蜇与荸荠、海蜇与红枣及红糖搭配食用。

　　海蜇富含蛋白质，然而蛋白质与单宁相遇时，会结合为不易消化的沉淀物，不仅会阻挠营养物质的吸收，而且会刺激肠胃，出现腹痛，甚至肠道梗阻。所以在食用海蜇时，应该避免食用含单宁较多的水果，如柿子、石榴、山楂、葡萄等。

渤海 "珍品藏"

　　美誉满载的渤海，除了终日抚慰自己的众多"臣民"，为它们提供温馨的家园之外，也在尽心尽力地打造属于渤海的"优势品牌"。那么，与黄海、东海和南海相比，渤海最拿得出手的海洋生物有哪些呢？就让我们一起聚焦渤海"珍品藏"吧！你会发现，刺参在渤海的亲吻下已然贵气十足；斑海豹、宽吻海豚和伪虎鲸在渤海的精心培育下显得熠熠生辉；那些忙碌的海鸟在渤海和天空两片蓝的映衬下，显得英姿飒爽；还有那霸居一屿的黑眉蝮蛇更是威风凛凛、神采飞扬。

渤海贵族

　　它们并不是天生的贵族，也没有一副贵族范，但它们味道鲜美、营养丰富，在宴席上总是食客争先追捧的珍馐，所以就越发名贵了。要问浩瀚的渤海当中，谁是最名副其实的贵族？刺参当然不会谦虚让位了。较长的生长周期、苛刻的生长环境、精细的加工流程，这些都使其身价居高不下。

海参概况
　　海参的家族很大，在世界各大洋均有分布，共计1100多种。在我国，140多种海参高傲地生活着。但是在这其中，绝大多数海参是不能食用的。据统计，全世界可食用的海参约有40种，我国可食用的海参约有20种。

↑ 刺参

刺参

刺参，属海产棘皮动物，多为灰黑色或黄褐色，身体近圆柱形，两端钝圆，腹面平坦且管足密集，体背面有4~6行圆锥形肉疣，皮肤黏滑，肌肉发达，身体可延伸或卷曲。个头齐，肉肥厚，体完整，刺挺拔，开口正，干度足，体表光泽，体内无余肠泥沙。

三国时吴国的沈莹

⬆ 长岛刺参

在《临海水土异物志》中记载，"土肉，正黑，如小儿臂大，长五寸，中有腹，无口目，有三十足，炙食"，说的就是海参。

在海洋里，"苦肉计"并不是一个传说。一些海参受到侵扰时，可由肛门排出白色黏性腺状物，甚至会排出内脏，以缠绕入侵者或分散入侵者的注意力。因此，也就有了"排肠断胃活海参"的说法。

采捕海参时，需要穿潜水衣潜到海底才能找寻得到。采捕到海参后，需要立即剖腹排脏，然后用水煮，再拌草木灰，晒干，制成干参。

在渤海，怎么能忘记由大大小小岛屿组成的长岛呢，那里贵气逼人，金光闪烁。

清初著名诗人吴伟业曾写《咏长岛海参》一诗，大赞道："预使燀汤洗，迟才入鼎铛。禁犹宽北海，馔可佐南烹。莫辨虫鱼族，休疑草木名。但将滋味补，勿药养余生。"

清代纪晓岚曾在《长岛海参馆记》中夸赞长岛海参："海参如阶，亦有品级，自秦汉始，长岛产参屡为历朝贡品，谓之上品，民间鲜得一尝。"那么，为什么长岛出产的海参就有幸居于上等海参之列呢？这就不得不提到它们的舒适家园了。长岛位于黄、渤海交界处，正是这种得天独厚的地理优势使得长岛的海参味甚鲜美。此外，长岛海域流淌着优质水源，还沉淀着富积营养的大量海泥，这些优势资源更为长岛海参的"冠军气质"增添一份天然保险。生活在如此令其他海参羡慕的环境里，长岛海参的优质自然不在话下。

"渤"然大物

广袤无际的大海中，总生活着这样一群不合"地"宜的大家伙，它们似鱼非鱼，而是海洋一霸——海兽。或许是很久很久以前，它们迫于陆地上其他哺乳动物的压力，只好移居到海洋宫殿委曲求全。谁知渐渐适应了海洋生活的它们竟然成了水族界的庞然大物，就算现在陆地上的哺乳动物见着它们，也一定会大吃一惊。渤海里，怎么会少得了这样一群居民呢？这不，江豚、斑海豹、宽吻海豚、伪虎鲸等"渤"然大物，整日在这里乐滋滋地嬉戏玩耍呢！

斑海豹

如果与斑海豹对视10秒钟，你一定会爱上它们。溜溜圆的大眼睛，再配上憨憨的表情，真是可爱极了，让你忍不住上前摸摸它浑圆而又平滑的脑袋。步伐略显笨拙、跌跌撞撞的斑海豹，身体并不苗条。它们的体形像一个花斑纺锤，又肥壮又粗圆，胖得连脖子都没了，足见斑海豹的小日子过得多么滋润。

如此可爱的斑海豹喜欢生活在温带、寒温带的沿海地区，而这样的居住环境要求对于渤海来说并不是什么难事。所以，在渤海海域及其沿岸和岛屿地区，都可以看到这些家伙留下的一串串足迹。其中，辽东湾结冰区，是斑海豹在世界上的8个繁殖区中最靠南的一个。

或许是太过肥硕的缘故，斑海豹都懒得清理自己的衣着，背部披一件灰黑色的外衣，浑身上下布满各种不规则的棕灰色或棕黑色的斑点，只有腹面还干净些，呈乳白色，斑点稀少。斑海豹的四肢都比较短，而且四肢都有五趾，趾间有皮膜相连，似蹼状，形成鳍足，指、趾端部具有尖锐的爪。它们前肢朝前，相对比较细小；后肢朝后，比较大且呈扇形。它们的

● 斑海豹

四肢都不能弯曲，所以游泳时主要依靠后肢和身体的后部左右摆动前进，就像人伸开手脚俯卧的样子。

斑海豹的潜水本领很强，每天潜水可以多达30次以上，每次持续20分钟以上，这些纪录令其他海洋哺乳类动物望尘莫及。

一双又圆又黑的大眼睛，不仅为斑海豹增色不少，还有特异功能呢。即便在晚上，只要有月亮，斑海豹也能够借助水下的弱光探测到400多米深处的运动物体，从而捕捉猎物。斑海豹不仅视力极佳，听力也相当不错。虽然它们没有外耳郭，但在水中能够准确定位声源。除此之外，斑海豹又长又硬的唇部触口须，感觉十分灵敏。斑海豹在潜水时，鼻孔和耳孔并不会有海水进入，这是因为这些器官中的肌肉活动瓣膜会自动关闭，阻止海水进入。

斑海豹是冷水性、喜冰型海洋哺乳动物，它们绝大部分的时间是在海水中度过的，只有在生殖、哺乳、休息和换毛时，它们才会恋恋不舍地离开海水爬到岸上或者冰块上。在渤海海域，每到2月份，怀胎10月的斑海豹妈妈便会顺利产下一个雪白的宝宝。这个宝宝，全身披着白色的胎毛。半个月后，斑海豹幼仔的皮下脂肪便渐渐形成了，这时候它们就会脱换胎毛了。换毛时间大约9天，雪白的斑海豹便换上了一件既光亮又有斑点的新毛衣。穿上这件衣服的小斑海豹，在爬上岸时，海水会顺着皮毛直接淌下，这样就不会在皮肤上结冰了。

新生的斑海豹嘴巴里不停地发出叫声，紧紧跟在斑海豹妈妈的后面。斑海豹妈妈也会特别留意自己的孩子，即使在水中也要时不时地仰头向后瞅瞅。如果在冰面上遇到紧急情况，斑海豹妈妈便会将自己的身体一弹，腾空而起再重重落下将浮冰砸破，然后同幼仔一起落水而逃。要知道，强壮的北极熊向来是它最大的天敌。

↑ 斑海豹

宽吻海豚

在海洋馆里，我们总能够欣赏到海豚的精彩演出。作为表演嘉宾的海豚一登场，就会踏着驯养师的节拍精准地完成一项又一项表演，如"唱歌"、"顶球"、"牵船"、"舞蹈"、"与人握手、亲吻"、"钻圈"等。可见，海豚的智力还不错，理解能力也比较强。在海豚家族里，有一种号称是海洋中最聪明的哺乳动物，这就是宽吻海豚。

在渤海这个天然海洋馆里，宽吻海豚常常结伴而行。它们相互问候，相互嬉戏。这些轻松"出访"的宽吻海豚，并没有非常刻意，就营造出了一个相当壮观的场面，颇有"海上龙兵过"之势。不用问，这些宽吻海豚一定是深深地爱着渤海这片海的，因为在这里它们能够觅得带鱼、乌贼、鲅鱼等美味的食物，又能天天泡在温度适宜的海水里洗浴游玩。所以，每年4月，这些硕大的宽吻海豚就会迫不及待地摆着鳍，洄游至莱州湾和辽东湾，开启一年之中最幸福的时光。而到了秋季，它们又会结伴依依不舍地游出渤海，绕山东半岛成山头（古称"高角"）向南寻找新的天地。

在生物界，人类无疑是最聪明的生灵，但是，宽吻海豚的脑重量竟然能达到1.6千克，可见它们的智力非同一般。经过训练的宽吻海豚能够识别10～50个单字，而且能懂得由这些单字组成的简单词句的意思，如"拿球来"、"打铃"等。有些时候，一些未经训练的宽吻海豚只要看上

几次其他经过训练的同伴的表演，就能如法炮制，表演得惟妙惟肖。

聪慧的宽吻海豚，还可以从镜子中认出自己，另外也会借助一些工具来保护自己或者觅食。正如生物学教授珍妮特·曼所说，"似乎这种海洋智慧生物也可以是工作狂，会比其他动物花更多时间去寻找工具"。例如，在海底觅食的宽吻海豚会先花点时间去寻找合适的海绵，并且把这些海绵放置在自己的吻突上，以免被沙石刮伤。但是，这种技巧几乎是雌性宽吻海豚的专利，因为雄性宽吻海豚总是一有时间便呼朋唤友四处游玩，当然就不会牺牲自己的娱乐时间去做这些琐碎事了。也许正是由于雄性宽吻海豚太过贪玩，又不爱做保健工作，所以它们很少能活过30岁，而雌性宽吻海豚则可以存活40年之久。

宽吻海豚和其他海豚一样，有着流线型的身材，皮肤光滑无毛，腹部有很明显的凸起。宽吻海豚全身呈灰黑色，且颜色从脊鳍尖端附近的深灰色，逐渐变化为淡灰色，背鳍鳍肢及尾鳍上、下面都为灰黑色，腹部基本上是纯白色。这样的颜色组合，会使宽吻海豚在水中游泳时，无论是从上方还是从下方都很难被发现。另外，宽吻海豚的吻比较长，口裂外形似乎总是在微笑，很讨人喜欢。

宽吻海豚会救人

科学研究发现，宽吻海豚救人的行为纯粹是出于本能。因为它们性情活泼，喜欢推动海面上的漂浮物体，因此被救护的对象并不只限于人类。例如，它们常常爱把自己刚出生不久的幼仔托出水面，或者抬起生病或负伤的同伴，有时候对已经死去的同伴和幼仔以及大海中漂浮的海龟尸体、碎木头等，也玩得相当认真。因而，一旦遇上了溺水者，宽吻海豚就会本能地将其当作一个漂浮的物体推到岸边，从而使人得救。

宽吻海豚牙齿的长度为4～5厘米，直径为1厘米，而且数量不少，上、下颌各有21～26枚。

宽吻海豚喜欢生活在温带和热带的海洋中，在我国渤海便有幸发现它们。在靠近陆地的浅海海域，时常会见到全身跃出水面的宽吻海豚。有时候，还可以看到它们调皮的捕食姿态：把捉到的鱼抛向空中，然后跃出水面将鱼用嘴巴接住，吃掉鱼身体最肥美的部分，最后将鱼头和鱼尾留在海面上，赏给翱翔的海鸥。

⬆ 宽吻海豚

↑ 伪虎鲸

伪虎鲸

在渤海中，有这样一群大"黑货"，它们明明心地善良，却天生一副凶样，害得那些温柔的海洋生物都不敢同它们做朋友，它们就是伪虎鲸。倒是这个"伪"字，也似乎说出了它们的心声，它们的确没有虎鲸的凶气，它们很和蔼，也很亲切。随便转转渤海海域的辽宁省金州湾、长兴岛和山东省的羊角沟，你就会见到许多面目狰狞的伪虎鲸。

伪虎鲸，长相确实很凶，圆而不大的头部，一张大嘴巴占据了不少空间。它们的口裂是朝着眼睛的方向切入的，只要一张开嘴巴，就会露出一颗颗圆锥形的尖牙，真是未闻其声、先见其威。伪虎鲸的体型相比较虎鲸来说小些，通体均为黑色，鳍肢间、胸部颜色淡一些。伪虎鲸的鳍肢很尖，长度约为体长的1/10，尾鳍的宽度大约为体长的1/5。

虽然伪虎鲸长得很凶，但是性情却比较温和、活泼。在渤海里，时常会见到伪虎鲸用尾鳍击浪、优雅跃离水面的场景。有时候，还会有幸目睹到它们出水呼吸的壮美场景。只见它们将整个头部与躯体的大部分浮出水面，有时甚至连胸鳍都看得见，在鼻孔中喷出1米多高的稀薄水雾柱，呼吸完便立刻潜入水中。

伪虎鲸喜欢过群居生活，很少单独活动。它们时常几十头、几百头，甚至上千头聚集在一起，偶尔还同真海豚、宽吻海豚在一起觅食嬉戏。

 伪虎鲸

性情温和的伪虎鲸，骨子里缺少一股狠劲，一旦遇到不幸，总会流露出痛苦、难过的模样，真可谓大块头、小性情。譬如，它们中的一个成员受伤后，其他成员便会听到呼救声远道奔去，然后围绕在伤者周围徘徊，迟迟不肯离去。有时候伪虎鲸为了不让受伤或生病的同伴掉队，它们会用胸鳍扶着伤病者向前缓缓游去。自己的子女被渔民捕捉后，它们会不顾一切地向渔船冲去。可想而知，此时的伪虎鲸是多么的痛不欲生。所以，我们应该爱护这群柔情似水的大家伙，以免见到它们悲伤的脸庞。

一说到伪虎鲸的"集体自杀"事件，真令人痛心疾首。在世界的不少地方，会发生整群伪虎鲸搁浅的事例，有时多达二三百头。令人们惊讶的是，虽然人们千方百计地拯救这些伪虎鲸，甚至用机帆船拖曳它们，但是均不奏效，因为被拖下海的伪虎鲸一会儿就又固执地冲上岸来，直至毙命。

目前，科学家通过对伪虎鲸的行为分析和鲸体解剖研究发现，伪虎鲸是依靠声纳系统来决定其游动方向的。这种声纳系统所发的脉冲信号总是向上、向前的，只有不时地摇动头部甚至改变方向，它们才能完全了解四周的情况。然而，倾斜的海滩往往会扰乱甚至消除自表层水平方向进行的音波的回响，致使伪虎鲸的声纳系统出现假象，再加上这些伪虎鲸又贪食，迷恋追逐食物，所以会不小心陷于浅滩而不能察觉，进而迷失方向。一旦腹部接触到浅底时，就会惊恐万分、拼命挣扎，在慌乱中冲上海滩而不幸搁浅。伪虎鲸性情温和，群体成员之间的关系都很密切，眷恋性很强，所以一旦一只伪虎鲸搁浅，其他伪虎鲸便会闻讯赶来帮助，因此一只只庞大的伪虎鲸便会接连被困，最终导致"集体自杀"的悲惨现象发生。

关于鲸类自杀原因的说法

"地形论"：水深为10米左右、泥沙淤积的海滩，这类地形极易造成鲸类搁浅。

"摄食论"：鲸类有时由于过分贪食，进而忘记游回深水，所以在潮水退落时容易搁浅。

"返祖论"：由于鲸的祖先原先是生活在陆地上，所以上岸搁浅的鲸类多是一种回归祖先的行为。

"干扰论"：由于人类频繁的海洋军事活动，发送的超声波导致鲸类的声纳系统产生紊乱而造成其搁浅。

海天信使

叽叽喳喳，这是海鸟们惯用的语言，偶尔的一两声啼叫，煞是悦耳动听。它们休息的时候，时而嗅着大海的气息，低头弹弹羽毛上的灰尘，时而转动着一双圆溜溜的眼睛，寻觅着。常常，倏的一声，甩着性子就展翅飞翔。或许它们又得到了什么神秘差事吧。作为海天之间的信使，它们在云卷云舒间体会骄阳的热情，在白浪清波中感受大海的宽容；它们把天空的秘密带给大海，同时也把大海的心声递给天空。渤海风光旖旎，黑尾鸥、海鸬鹚、扁嘴海雀正呢喃细语，唧啾引伴。它们在干什么？不用猜，因为，海鸟的思维你永远跟不上。

黑尾鸥

白色和黑色，是永远都不会过时的两种色彩，而恰恰这两种色彩的完美融合，在黑尾鸥身上体现得淋漓尽致。黑尾鸥就像是海鸥的胞弟，无论是体型，还是色彩都非常相似。那么，如何区别它们呢？只需注意它们的尾部就能够轻而易举地辨别开。因为黑尾鸥很追求时尚，羽毛的颜色黑白相间，煞是好看。尤其是在它们展翅飞翔的时候，轻轻展开的尾巴，就像一条缀着蕾丝边的纱裙。

↑ 黑尾鸥

在辽宁省南部和山东省北部，要想见到这些体态优雅的黑白精灵，并不是件难事。因为在这些地方，近海岛屿、裸露岩石的海滨之地比比皆是，这样的优质"小区"必定会吸引不少的黑尾鸥前往入住。看着它们扑翼滑翔的可爱样子，你都会觉得渤海因它们的存在而平添一份灵动。摊开渤海地图，顺着指尖的滑动继续寻找黑尾鸥的快乐老家，你一定要将目光聚焦在渤海海峡，因为在这里，黑尾鸥可是非常少见的一种留鸟。

所谓留鸟，是指那些不随季节作周期性迁徙、终年生活在繁殖区的鸟类，即在某一个地方，一年四季都可以见到的鸟类。

每年的4～7月，是黑尾鸥繁衍的时期，在这段特殊的日子里，如果足够幸运，你会见证许多温馨的场面。比如，有趣务实的黑尾鸥求婚方式：雌鸟一旦遇到心仪的雄鸟，便会主

黑尾鸥

黑尾鸥

动向雄鸟"暗送秋波",发出婉转暧昧的叫声以示好感。如果雄鸟也对对方颇具好感,就会立即鸣叫回应。喜得爱情的雌鸟这时候便会兴致勃勃地飞向雄鸟,向对方索要食物当作新婚"彩礼"。

⬆ 黑尾鸥

黑尾鸥的卵，由雌、雄亲鸟轮流孵化，孵化期大致为26天。

喜欢集群营巢的黑尾鸥，常常把它们的住所选定在人迹罕至的悬崖峭壁上。有时候，如果邻居实在过多，而"小区"面积又实在过小的话，它们便会为一小块地方争执得不可开交。但是，不管它们的内部矛盾有多么尖锐，一旦遇到外敌入侵，它们都会暂时"和解"，团结起来将外敌驱赶出去。看着这些文质彬彬、气质优雅的海鸟"贵族"，你能想象到它们的驱敌方式竟是肆意狂吼外加粪便轰炸吗？所以说在海鸟界也"不可貌相"呀。有意思的是，齐心协力共同驱敌后，有"内部矛盾"的黑尾鸥，会接着以前的争吵，继续斤斤计较，纠缠不清。

黑尾鸥的叫声与猫的叫声非常相似，所以人们又称黑尾鸥为"海猫"。

海鸱鹕

初次见到海鸱鹕，望着它那双强健有力的"脚"，你能想象它们竟然是那么软弱无力，甚至还稍微有点"骨质疏松"吗？正是这两只有点中看不中用的"脚"，使得飞翔能力很强的海鸱鹕，行走能力就差强人意了。它们走起路来摇摇晃晃的，非常笨拙。就连伫立休息时，海鸱鹕还需要借助其坚硬的尾部羽毛作为支撑。

🔾 海鸬鹚

海鸬鹚是国家二级保护动物，其尾部羽毛呈黑色，泛有绿光，飞行展开时呈扇状，尾羽共计12枚。

每逢6月，渤海南部山东沿海的一些岛屿和渤海北部的辽东半岛上便会迎来一群海鸬鹚"黑美人"，它们会在这里繁衍生息，哺育后代。它们的巢穴多位于相对隐蔽的悬崖峭壁或者岩穴里，一次产卵量为3～6枚。待到幼鸟出世，海鸬鹚亲鸟便承担起做父母的义务，整日找寻食物喂养幼鸟。海鸬鹚的喂养方式很特别，为了能使幼鸟更好地消化，每次海鸬鹚亲鸟觅食归来，都尽可能长时间地张大嘴巴，让幼鸟把嘴巴伸进其食道中饱餐那些半消化状的食物。可见，爱的表达方式还真是千奇百怪，无所不有。

正值繁殖期的海鸬鹚，在其头顶和枕部会各长一束铜绿色的冠羽，十分美丽。

着乌黑色"高档外衣"的海鸬鹚，就像身怀绝技的"侠客"一般，常常成群结队地聚集在一起，好像在商量着它们的内部建设问题。有时候，正值它们专心致志地商讨问题时，一些好奇的小鱼小虾会探出脑袋。这下海面便热闹了，海鸬鹚会立即终止"会议"，纵身起飞，直追猎物，必要时它们会俯身跃入海中死死地"盯着"猎物不放。要知道身为潜水高手的它们可以在海水中停留1分钟左右呢，所以被它们盯上的鱼虾，一般都不会有生存的机会了。

那么，如果遇到强劲的对手，一只海鸬鹚应对不了怎么办？聪明的它会说着"鸟语"，呼朋引伴，召集自己的"助手"联手应敌。面对如此庞大的侠客团，再凶猛的对手也会被这种庞大阵势"吓破胆"。

一旦遭遇入侵，海鸬鹚会急促起飞，顺便将胃中还未来得及消化的食物从黏液囊中反吐出来，这样便可以减轻体重、增加飞行速度。

扁嘴海雀

在渤海海域，你会发现一种"四不像"鸟。它们的嘴像麻雀，体形似企鹅，脚蹼如鸭，雏鸟羽毛同幼鸡。据专家鉴定，该鸟即为扁嘴海雀。它的嘴型略呈圆锥状，眼周有一圈白色羽毛。

在渤海，扁嘴海雀并不稀奇，尤其是在山东庙岛群岛（长岛），终年可见它们的身影。在辽宁沿海，每逢扁嘴海雀繁殖的季节，也能目睹它们的风采。扁嘴海雀直接将卵产于地上，而且每次多为"双胞胎"，这些卵多呈淡黄色或者褐色，上面还布有暗褐色斑点。要想让它们破壳而出，需要雌、雄亲鸟轮流孵化照顾。

如同企鹅一般，扁嘴海雀也是出色的游泳健将和潜水高手。似乎在它的生命里，湛蓝色的天空也不再是它唯一的眷恋，汪洋大海倒成了它的新恋人。它常常贴近海面低低地飞

⬆ 扁嘴海雀

翔，好像在仔细端详着恋人的不老容颜，揣摩着恋人的细腻心思。扁嘴海雀在飞翔时，动作十分笨拙滑稽，可谓海鸟界的"喜剧大王"。只见它伸展着双翅，奋力地、快速地扇动着，显得非常吃力，并且总是飞行一小段距离就落入水中"休憩"一番，好似一只刚刚面世不久的初生雏鸟，跟在母亲背后"蹒跚学步"。

闲暇时，扁嘴海雀就在海里游泳嬉戏，时不时捞出一顿美餐。扁嘴海雀很爱干净，在需要下潜时，它会选择一片干净的水域，或者提前用海水把自己清理干净。

奇特的是，扁嘴海雀睡觉时，不像其他海鸟那样把头插在翅膀里，而是深深地埋在腹部。更有趣的是，它们是一夫一妻的典范，一旦结为伉俪，便终身相依为命。若是一方不幸死去，另一方则坚定地独自走完余生。正是因为扁嘴海雀的美丽端庄以及对配偶的忠贞不渝，赢得了当地渔民的尊重和喜爱，把它们视为吉祥之鸟。

曼妙蛇影

蜿蜒逶迤，是它们的姿态；冷血残酷，是它们的性情。它们终生披一件粗糙龟裂的鳞状衣服，它们就是动物界的"舞蹈之王"——蛇。时光回转，在那1.5亿年前的侏罗纪时代，俯瞰地球，你就会看到这些时不时吐吐舌头、扭扭身躯的家伙，它们拖着细长的躯干，滑行在丛林间，偶尔也会驻足逗留，闻闻花的芳香。渤海的蛇，当然也免不了是些"多情种"，它们就栖息在那座"蛇的天堂"——大连蛇岛。

大连蛇岛

大连蛇岛，又名"小龙山岛"，位于大连市旅顺口西北部的渤海中。这座青翠环绕、葱茏黛绿的神秘小岛，体型并不硕大，面积不到1平方千米；然而，这里却密集着2万多条神采飞扬的蛇！更令人惊讶的是，在这座小岛上，绝对看不见别的蛇种的身影，满眼望去都是清一色的黑眉蝮蛇。这样的"情有独钟"在世界上也仅此一家，这座岛可是世界上唯一的一座只生存单一蝮蛇品种的海岛。

如今的黑眉蝮蛇，显然就是这座海岛的主人，它们主宰着这里的生物链，维持着这里的勃勃生机。可是逆着时光隧道回首望去，就会发现这些黑眉蝮蛇原本并不是这座海岛的佼佼者和领导者。渤海的形成，在地质历史上经历了陆地—湖泊—海洋的缓慢演变，蛇岛便是演变过程中残留在海洋中的小陆块。海洋不仅活活将蛇岛与之前的大陆分割，而且夺取了蛇岛上以往多样的灵动生命。除了黑眉蝮蛇，别的生物都没有了生命的迹象。

黑眉蝮蛇

为什么黑眉蝮蛇会侥幸地逃过这一劫呢？据说，在那次惊心动魄的大灾难中，"聪慧"的黑眉蝮蛇大多藏身于岩洞中。虽然它们损失惨重，但至少有一些蛇存活下来了。面对一个完全陌生又没有食物的世界，黑眉蝮蛇怎么可能维持生命呢？即便它们侥幸从震荡的世界中抽身而出，但是生存在没有食物的世界终究是个难题。然而，大自然是爱这群"倔强"的蛇类的，因为大自然赋予了它们一种可谓"护命宝"的特异功能：耐饥饿。正是仗着这份超强的忍耐力，幸运的黑眉蝮蛇再次迎来了它们的"生命之春"，它们等到了候鸟的到来，并享用到了久违的美味。就这样，年复一年，黑眉蝮蛇的生命代代延续，它们为自己赢得了子孙后代的满堂福，同时也为这座海岛留下了最初生命的宝贵记忆。

黑眉蝮蛇可以做到一年不吃任何东西，但做不到不喝一滴水。虽然身处大连蛇岛的黑眉蝮蛇已经练就了一身的耐饥渴能力，但还得适当饮用淡水来解渴。

蛇岛风光

登临蛇岛的安全提示

　　大连蛇岛上的黑眉蝮蛇一般不袭击人类，只要不触犯它们，即使位置离它们很近也无妨，所以登临蛇岛游玩并不是那么的危险恐怖。但是，为了安全，一定要穿上特制的防护鞋、防护衣，不要用手碰触地面或者拖拽枝叶。

　　逃离了大自然的暴躁，黑眉蝮蛇并不轻松，因为人类所带来的毁灭性灾难接踵而来。据20世纪50年代的一份数据显示，当时在这座海岛上至少有5万条黑眉蝮蛇的踪影。然而1958年6月份的一场大火，令这些蛇"生灵涂炭"。大火延续了四五天，一座青葱绿岛化为一座绝望的灰色岛屿，可怜的黑眉蝮蛇差点就被命运之神彻底毁灭。面对如此损失惨重的局面，人们为了更好地延续和保护这些身世坎坷、命运多舛的蛇种，于1981年在蛇岛建立了国家级自然保护区——蛇岛–老铁山国家级自然保护区。正是这个自然保护区的及时出现，黑眉蝮蛇的数量才渐渐有所回升，它们蛇岛霸主的地位才没有被撼动。

↑ 黑眉蝮蛇

黑眉蝮蛇档案

同一般的蝮蛇一样，黑眉蝮蛇也长着一个三角形的尖脑袋，体色多呈银色或者灰色。要说它们有什么独特之处，那就是在它们头部双眼的位置处有一条黑色的纹带，也正是这条黑色的纹带，使得大连蝮蛇岛上的这些蝮蛇有了"黑眉蝮蛇"的称号。

大连蛇岛的黑眉蝮蛇是一种剧毒蛇，其毒性甚烈，仅仅1克的蛇毒液就可以毒死1000只左右兔子或3万只左右鸽子。

黑眉蝮蛇生性非常懒惰，它们常常躺在草丛中或树枝上纹丝不动，并且一躺就是十几个小时。惰性如此严重的黑眉蝮蛇，就连捕食都选择了最节省体力的方式：守株待"食"。它们为了不吓走那些倒霉的"食物"，常常会使出自己的看家本领，大变体色。譬如，栖息在树枝上的黑眉蝮蛇，它们的体色会渐渐变成与树枝颜色十分相似的色彩。有时候，为了装得更加逼真，增加成功捕食的几率，聪明的黑眉蝮蛇还会摆出与周边环境十分融洽的造型来。当这一切准备工作就绪，它们便静静地等待着猎物的来临，一旦察觉到猎物的气息，它们便会迅速冲上前去，觅得一份佳肴。

在黑眉蝮蛇的眼鼻之间有一个叫作"颊窝"的器官，它是个灵敏度极高的热测位器，能察觉到0.001℃的温度变化。

每逢春季和秋季，大连蝮蛇岛总会迎来大量迁徙的候鸟。对此，黑眉蝮蛇自然是喜上眉梢。为了吃到这些展翅飞来的"盘中餐"，黑眉蝮蛇会伸伸懒腰，爬到树干上或者岩石上寻觅一番。然而，好景不长，一到夏季和冬季，这些远道而来的候鸟就会选择离开，而它们的远走他乡也带给这些黑眉蝮蛇不少的麻烦：弹尽粮绝了。对此，懒惰的黑眉蝮蛇自然还有它们的懒惰法，索性去睡觉！于是，每到夏季和冬季，它们就会把自己潜藏在石头缝隙中或者石板下面，美美地长眠。

⬆ 黑眉蝮蛇

⬆ 黑眉蝮蛇捕获猎物

渤海小世界

　　芦花荡漾似飞雪，黄河浩瀚泻银海。当轻柔的芦花碰撞到澎湃的黄河水时，会演绎出什么样的精彩好戏呢？为了找寻答案，我们应该去渤海探个究竟。漫步于此，你会发现脑海中的任何壮美幻想都并非是天方夜谭，因为它们就的的确确呈现于你的眼前，让你目不暇接。这里，不需要任何文字的过分夸饰与赞美；这里，只需要认真遵循内心的真实与淳朴。这里，就是那片将原生态之美发挥到极致的黄河三角洲湿地。

黄河三角洲湿地

　　"君不见黄河之水天上来，奔流到海不复回"，每每提及黄河入海口时，人们便会不自觉地低吟出李白这句气势恢宏的诗句。众所周知，历史上的黄河曾多次改道，那么如今的黄河选择注入了哪片海洋呢？摊开地图查询一番，你便会发现这条流淌千年的母亲河最终将自己沸腾的血液倾入了渤海的怀抱，并且为了答谢渤海的容纳，在其岸边沉淀下了一份厚厚的重礼——黄河三角洲湿地。

全貌概况

　　深秋时节的黄河三角洲湿地迎来了它最美丽的日子。绵延数百里的芦苇荡里，苇絮随风飘飞，再现了壮观的"芦花飞雪"胜景。正是在摇曳芦苇的映衬下，黄河三角洲湿地倒显得有些娇羞了，仿佛一个待字闺中的大姑娘，躲在一层层的芦苇"面纱"后若隐若现，颇有几分含情脉脉之意。你可知道，这片举世瞩目的生态湿地，就是中国最年轻、保存最完整的湿地生态系统。

黄河三角洲湿地以常年积水湿地（河流、湖泊、河口水域、坑塘以及滩涂等）为主。这里水源充足，植被丰富，水文条件独特，海、淡水交汇，浮游生物繁盛，极适宜鸟类居住。这里已发现将近367种鸟类栖息，被国际湿地组织官员谑称为"鸟类的国际机场"。

生物乐园

风光旖旎的黄河三角洲湿地，俨然就是一个生物乐园。茂密繁盛的植被装饰着这里的每一寸肌肤，各种野生动物悠闲自在地活跃于这里的每一个角落，珍贵濒危的鸟儿整日叽叽喳喳地演奏着生命之歌，盘旋于这里的每一片天空。黄河三角洲湿地，就是这么生机勃勃、光彩照人。

↑ 芦苇　　　　　　　　　　　　　　　　　　↑ 柽柳

　　在黄河三角洲自然保护区，其植被覆盖率高达55.1%。山东省林业厅2013年的统计结果显示：400种形态各异的植物常年扎根于这里。其中国家二级重点保护植物野生大豆43平方千米，天然柽柳林140平方千米，天然芦苇270平方千米，天然草地120平方千米。如果想感受一下穿梭在刺槐林中的独特美，那最好选择在每年的5月份光临，因为此时的刺槐林会格外令你陶醉：如雪的槐花，迷人的香气……

在黄河三角洲自然保护区内共有野生动物1555种，其中鸟类298种。国家一级重点保护鸟类有丹顶鹤、东方白鹳等12种，国家二级保护鸟类有灰鹤、大天鹅等49种。

如此美丽富饶的黄河三角洲湿地，理应继续将其原生态的美丽品性保持下去。然而，由于人类过分贪婪的开采、捕猎和大自然的一些不利影响，黄河三角洲湿地的生态问题越发凸显：不仅湿地面积不断缩小，而且动植物的数量与日俱减。所以保护黄河三角洲湿地的生态平衡已经成为我们刻不容缓的使命。

为了延续黄河三角洲湿地的精彩，就让我们一起携手保护吧！

↑ 灰鹤

丹顶鹤

渤海

资源大观

BOHAI SEA NATURAL RESOURCES

02

深邃的一片蓝，涤荡着无穷的奥秘，萦绕着人类无尽的遐想。

当海洋的神秘面纱被科学家一层层缓缓揭去时，人们对海洋的兴趣却越发浓厚了，因为这里简直就是一座"蓝色宝库"。石油、天然气资源蕴藏富足，各类滨海砂矿数不胜数。蔚蓝的海水，又何尝不是宝贵的资源？

细数渤海，我们需要感恩。77000多平方千米的"娇小"海域，却蕴藏着丰富的海洋资源。有趣的是，渤海生就一副"葫芦"形，这个大葫芦里究竟装着什么样的资源？现在就让我们一起聚焦渤海吧……

渤海化学资源

　　试想，如果把地球上所有海水里的盐分都提取出来，均匀地平铺在陆地上，将会呈现怎样的景象呢？答案是：整个陆地会被盖上大约153米厚的盐层。如果将其铺在我国的国土上，可使我国陆地平均高出海平面2400米左右。所以，可千万别小看这流动不息的海水。提到"盐"，就不得不关注渤海，因为在这里你会感受到什么叫作真正的"白银帝国"。

⬇ 盐宗夙沙氏

海盐的秘密

　　海盐向来是浪漫的，如果没有蓝天、骄阳，它才懒得出来呢。只有当灿烂的阳光拂过一汪汪晶亮的海水时，一粒粒沉睡的盐粒才会伸伸懒腰，活蹦乱跳起来。

　　我们都知道，海洋的平均盐度为35，也就是说，每1000克的海水中就含有35克盐。然而，我们的渤海，其海水的平均盐度只有30。为什么渤海的盐度比较低，却可以神奇般地摇身一变成为中国最大的盐场呢？原来，渤海区域地处北温带，属于典型的大陆性季风气候，常年平均蒸发量比降水量大1100毫米，日照强烈，大风天气多。另外，这里还有广阔而又密实、细软而又平整的淤泥滩涂。

　　我国渤海的海盐历史源远流长，远在黄帝时期就有夙沙氏煮海为盐之说。相传夙沙氏是我国第一个煮海为盐的人，故被后人誉为"盐宗"。商周时期，海盐生产技术在环渤海地区渐渐普及。历史上的齐国、燕国都是海盐的主要产地，史称齐国有"山海之利"，齐国百姓多有"布帛鱼盐"，燕国有"鱼盐枣栗之饶"，可见当时海盐生产的盛况。春秋战国时期，这里曾发生过中国盐业史上的一次重大革命，即确立了国家统制盐业的管理模式，实行国家盐专卖。可以说，如果要找一

↑ 海盐

种最顽固的垄断制度，那非盐专卖莫属。唐朝时期，我国海盐的产量就已经超过池盐的产量了，这个功劳可不得不归功于渤海聪慧的百姓，因为这里集中着先进的海盐生产技术。

历史上的渤海，海盐生产俨然成为一种景观。那么，现在的渤海海盐生产状况如何？

渤海盐场

现在的渤海盐业依旧光芒四射，一直稳坐我国最大的盐业生产基地的头把交椅。据统计，渤海沿岸每年的海盐和盐化工的产量和产值占全国海盐和盐化工总产值的60%，纯碱的产量占全国的70%。可见，渤海真不愧是"中国海洋化学工业的摇篮"。目前，长芦盐场、辽东湾盐场和莱州湾盐场都活力依旧，一直在谱写着盐史的新华章。

长芦盐场：玉屑玉沙数长芦

地处渤海湾西岸的长芦盐场是我国海盐产量最大的盐场，平均年产海盐300多万吨，占全国海盐总产量的1/4。其中以塘沽盐场规模最大，年产海盐119万吨。

"盐"字的创造

"盐"字的创造源于夙沙氏煮海为盐之说。相传仓颉结合夙沙氏煮盐的经过，以及夙沙氏身为炎帝之臣的身份，造出了"鹽"字。这个字由"臣"、"人"、"卤"、"皿"四个部分组成。"臣"是指臣子夙沙氏；"人"、"卤"是指盐是由卤水煎制的，过程中需要人的操作；"皿"是指煮盐所使用的器具。

长芦盐场历史悠久，至今已有数千年的历史，最早可追溯到西周。当时的长芦盐场属于幽燕之地。《周礼·地官·职方氏》有载："幽州其利鱼盐。"《史记》有载：燕"有鱼盐枣栗之饶"。到辽金之时，长芦盐场的制盐业已经颇具规模，有诗为证："芦花岸吐村村月，玉屑坨积面面山，晴日千家连井灶，长途百里杂车船。"明代永乐初年，国家将之前的"河间长芦都转运盐使司"更名为"长芦都转运盐使司"，简称"长芦运司"，长芦盐场由此正式得名。乾隆皇帝两次巡视长芦盐场，曾作《瀛裔一律》："巡方至处廑黎黔，瀛裔民风策马觇。力稿仍艰登稷黍，资生惟是藉鱼盐。芦田概与均蠲负，沙户因之期引恬。斥卤安能变膏壤？汉时早说海波渐。"随着盐业规模的日益扩大，长芦盐场的制盐工艺得以较快提升，由之前的"锅煎成盐"升级为"滩晒成盐"。现在，长芦盐场南起黄骅，北至山海关南，全长370千米，共有盐田230多万亩，其中以年产盐量为119万吨的塘沽盐场最为著名。

　　常言道，百味盐为先。长芦盐场生产的食用盐白润透明、质坚味厚、颗粒均匀，被誉为"长芦玉沙"。那么，为什么长芦盐场生产的盐质量会如此上乘呢？原因就在于，长芦盐场

在全国范围内率先引用了最新的海水真空精制技术。当然，除了制盐师傅精湛的技艺之外，得天独厚的自然条件也不容忽视。

长芦盐场拥有一望无际的优质海滩，这里地势平坦、海滩宽广、泥沙布底，有利于制盐师傅们纳潮。所谓纳潮，就是在海水涨潮时将海水沿着引潮沟引至特定的盐卤池，以便于提取原盐。每年的3～11月是长芦盐场纳潮的黄金期。纳潮完成后，便开始晾晒海盐。恰恰长芦盐场所处的渤海湾，春季气温回升很快，夏季雨季又很短，所以一年的日照非常充足。经过阳光的持续曝晒，用不了多久，雪白如银的氯化钠结晶颗粒便出现在波光粼粼的盐卤池中了。当然，这些结晶颗粒还需要后续的道道加工，才能够得到品质优良的食盐，如我们日常所食用的盐。

莱州湾盐场：液体盐场富帝国

有一个盐场，号称"百万吨盐场"。它是谁呢？先提示你几个小秘密：它是我国最早利用地下卤水资源的地区，已有千年历史。它主要经营中国最大的地下卤水的生意。现在你知道它是谁了吗？没错，它就是莱州湾盐场。

莱州湾盐场

为什么称它为"百万吨盐场"呢？原因很简单，因为莱州湾盐场每年平均生产原盐100万吨。莱州湾盐场规模宏大、产量较大，旗下有烟台、潍坊、东营等17个盐场。值得一提的是莱州湾盐场的经商之道，它充分调用了自己的优势资源——地下卤水，发家致富。所谓地下卤水，是在蒸发量大大超过降水量的滨岸平原和泥沙质滩涂的环境中，由海水的蒸发、浓缩、渗透、富集而形成的一种液体矿产资源，与海水的化学成分相似。莱州湾沿岸的地下卤水储量较大，而且埋藏浅、浓度高，分布面积大约为1500平方千米，总净储量达74亿立方米，可折合盐6.46亿多吨。

辽东湾盐场：百里银滩流芳史

这里虽然没有河北省长芦盐场的巨大产量和悠久历史，也没有山东省莱州湾盐场的富翁姿态，但是这里低调又不失华丽，它就是辽宁省的辽东湾盐场。

辽东湾盐场，人称东北盐场，其盐田面积和原盐生产能力占辽宁盐区的70%以上。俯瞰辽东湾盐场，人们便会惊叹于它星罗棋布的美丽身姿。复州盐场、营口盐场、金州盐场、锦州盐场和旅顺盐场个个银光闪烁，好似一束束荧光共同照耀出辽东湾盐场的倩影。

这5个盐场中的营口盐场，现有盐田生产面积达1.5万公顷，生产能力达60万吨，是辽宁省最大的盐场。早在清代雍正八年（1730年），这里的百姓就开始煎

↑ 莱州湾盐场

↑ 收获海盐

↑ 营口盐场

熬制盐了。另外，营口盐场几经更名，曾用名"营盖盐场公署"、"营盖办事处"、"营口盐务管理局"、"营口盐场管理处"等。一直到1956年，才正式更名为现在的营口盐场。

　　复州盐场也是这里历史悠久的盐场之一。据《东三省盐法新志》记载，"明辽东盐场十有二，复州卫西有盐场"，"金城子村尚有旧城遗迹，其门额有'盐场堡'三字"。可见，在明朝初期，复州沿海一带已经开始用海水煮盐了。直到雍正四年（1726年），随着刘官的到来，复州百姓学会使用海水晒盐的方法，从此结束了该地海水煮盐的历史。嘉庆十三年（1808年），李君才将盐田制盐的方法传授给当地的百姓。有史为证，据《复县志略》记载，"清嘉庆十三年，有李君才者经商营口，遇山东人姜姓，以善制盐名，乃偕归复县，择拉脖子地点。今三分场，创筑盐田，戽水晒盐，卓有成效。白家口一带亦多仿制，是建滩之始"。到光绪三年（1877年），政府为了更好地管理复州一带的盐业，设立了复州盐厘局，复州便有了盐务专官，这也就是复州盐场的前身。

⬇ 盐田晨韵

↑ 盐场

海盐化工业

　　一汪海水，当我们从中提取出一粒粒晶亮的海盐之后，总会剩余一些制盐液或制盐苦卤，这些尾液还能做些什么？直接排放到海洋中？不，千万不要浪费，它们可是宝呢！这里面富含钾、溴、镁、碘等元素，如果能够综合利用，不仅能够获得经济效益，而且能够维持海洋的生态平衡。

　　海水中的化学资源异常丰富，陆地上发现的100多种元素，在海水中就蕴藏着80多种，其中镁的蕴藏量为1767万亿吨，钾为550万亿吨，溴为92万亿吨。

　　环渤海区域一直是我国重要的海盐化工业基地，在我国盐业系统中占有重要的地位。在这里，大多数盐场都能够综合利用海水，提取海盐之后再利用制盐液或制盐苦卤生产氯化钾、氯化镁、溴素、无水芒硝等海洋化工系列产品。据统计，每年这里的氯化钾、氯化镁、溴素的产量均占全国同类产量的80%以上，无水芒硝的产量则占全国总产量的90%。

渤海矿产资源

在童话里，一直流传着睡美人的故事。其实，在蔚蓝色的大海中这样的浪漫故事一直都在发生着。尤其是在浅海大陆架上或者深海盆地里，沉睡千年的矿产资源一直在等待着人类的开采。如今，渤海海域的石油、天然气、煤等矿产资源大多已经被开采，它们各自舞动着曼妙的身姿，为我国演绎着一轮又一轮精彩绝伦的工业盛会。

石油天然气资源

石油，被誉为"工业的血液"和"海底乌金"，是一种重要的矿产资源。而天然气，又是海底石油的"孪生兄弟"。石油和天然气是当今世界主要的能源和重要的化工原料。

1947年，世界上第一口海上油井出现在墨西哥湾，标志着人类开启了海底石油勘探与开采的新纪元。那你知道中国海上石油开采的历史吗？你能体会到渤海油气田的重要性吗？

渤海油气田

渤海油气田

回顾中国海上石油勘探与开采的历史，渤海油气田的勘探者可谓敢于第一个吃螃蟹的勇士。虽然中国海上的第一口油气井是在南海莺歌海域开发的，但是要知道，直到1967年渤海海域的"海1井"完钻，并获得工业油流，才标志着中国海上油田的开发活动真正起步。

一般说来，石油勘探常常会采用地球物理方法，也就是说，勘探人员需在调查船上借助于一定的仪器和设备来寻找蕴藏有石油的地层。比较常见的方法有重力勘探、磁力勘探和地震勘探等。1959年，我国科学家便采用海上地震勘探和高精度重力测量的方法首次勘探出渤海油田，基本查明了渤海油气盆地的地质构造。

法国石油地质学家佩罗东曾经说过："没有盆地就没有石油。"此话一点不假。据调查，在我国四大海域中，科学家已经发现了30多个大型沉积盆地，都含有丰富的石油和天然气。这些盆地的总面积共计127万平方千米。渤海油气盆地就是其中之一。我们通常所说的渤海油气盆地是指陆地上胜利、大港和辽河等油气田向海底延伸的部分，有辽东、石臼坨、渤西、渤南、蓬莱5个构造带。渤海油气盆地，其凹陷面积大、第三纪地层厚、储油构造多、含油层系也多，是目前我国探明石油地质储量最多、原油产量最高的油气聚集地。渤海油气田面积总计58327平方千米，石油资源量达76.7亿吨，天然气资源量达1万亿立方米，其能源储量居全国之冠。

国家海洋局北海分局于2010年5月发布的渤海海洋环境公报显示，渤海海域拥有20个海上油气田、165个海上石油平台。"十一五"规划以来，辽宁、河北、山东三省和天津市全部将石油化工产业作为生产力布局重点。渤海地区的海上油气田与沿岸的胜利、大港和辽河三大油田，构成了中国第二产油区，全国50%以上的海洋油气工业贡献出自该地区。

这片蔚蓝色的大海不仅见证了中国海上石油勘探与开采的艰辛，也渐渐赢得国人的尊敬与爱戴。正是渤海人的勤劳与智慧，使渤海海域上闪烁着多个中国荣誉：在南部海域有中国最大海上油气田——蓬莱19-3油田； 在辽东湾海域，坐落着中国海上的第二大油田——绥中36-1油田；在西部海域，中国第一个海上油田——埕北油田屹立于这里。

蓬莱19-3油田

蓬莱19-3油田

位于渤海南部海域的蓬莱19-3油田，不仅是渤海海域的石油大王，而且是目前我国已建成的最大海上油气田。蓬莱19-3油田，"身宽体胖"，其构造面积约为50平方千米，目前已探明地质储量为10亿吨，可采储量约为6亿吨，具有埋藏浅、丰度高、储量大、易开发等特点，是继陆上大庆油田之后，中国所发现的第二大整装油田，具有巨大的经济价值。 蓬莱19-3油田是中美合作的产儿，是由中国海洋石油总公司（简称中海油）与美国康菲石油中国公司在渤海海域合作勘探发现的，现在由中海油和美国康菲石油公司的全资子公司康菲中国石油合作开发。目前，蓬莱19-3油田日产原油能力在15万桶左右，年产量达840万吨，约占渤海原油产量的1/5。

⬆ 绥中36-1油田

绥中36-1油田

　　或许绥中36-1油田最嫉妒蓬莱19-3油田，因为正是蓬莱19-3油田的顺利建成，使得其在中国海上第一大油田的霸主地位不再。还好，蓬莱19-3油田是中西结合的产物，所以，绥中36-1油田至少确保了其中国海上最大的自营油田的地位。

　　绥中36-1油田位于渤海辽东湾海域，是迄今为止中国海上的第二大油田。1997年，该油田经国家储委会复核审批的地质储量为2.88亿吨，面积为43.3平方千米。但是由于这里的原油属于重质、黏度高，油水分离及输送比较困难，而且天然气含量少，油藏深度浅，砂层多，地下压力不足；另外，冬季时常有流冰出现，寒冷年份会出现冰封。这些都给油田的开发带来了相当大的难度，所以直到1993年8月31日才正式投入生产。目前，绥中36-1油田不断更新"器官"，采用固定井口平台与浮式生产储油装置联合的生产方式。

埕北油田

　　要问谁是真正的中国海上油田元老，那绥中36-1油田与蓬莱19-3油田就应该恭敬地让步了，因为位于渤海西部海域的埕北油田才是中国第一个海上油田。除此之外，这位元老还有许多荣誉称号：中国第一个海上商业性开发油田，中国第一个按国际标准建造的海上石油生产基地。1980年，埕北油田由中国和日本两国合作开发。当然，在此之前中国已经开发了3年，打了8口井。1985年投产以来，埕北油田已经连续生产了20多年。在此过程中，埕北油田一直都保持着稳定的产量。该油田是按照国际规范建设的现代化油田，采取了双系列油、气、水集输处理流程。目前，该油田开发面积已达11.5平方千米，高峰年产量可达50万吨。

如今的渤海油气田，愈发地引人注目，给人们带来一个又一个的惊喜。这些惊喜也告诉人们，如今的渤海油气田年富力强、风华正茂。同时，这些重大发现一次次地证明我国东部

海域仍有许多新油田尚待发现，也标志着中国迎来了史上石油勘探和储量增长的第5次高峰。
2004年，中国石油勘探专家便发现渤海湾盆地可能蕴藏205亿吨石油。

渤海油气资源后劲十足，对于贯彻和落实我国石油工业"稳定东部、发展西部"的战略方针、实现我国原油生产可持续发展、增强我国油气能源安全供应的保障能力具有举足轻重的意义。同时，也有利于促进京津唐乃至环渤海地区经济社会的进一步发展。

滨海砂矿资源

几十亿年来，海水始终汹涌澎湃着，昼夜不停地涌动着浪花，拍打着海岸。潮涨潮落，沙滩留下了海洋的叹息，也留下了海洋的馈赠——滨海砂矿。

什么是滨海砂矿呢？所谓滨海砂矿是指海滨地带因河流、波浪、海浪作用使有用矿物聚集而形成的矿床。在滨海的砂层中，常蕴藏着锆石、钛铁矿、石榴石等稀有矿物。在浅海矿产资源中，其价值仅次于石油和天然气，具有勘探、开采、选矿、冶炼方便和分布广等优点。据统计，世界上96%的锆石、30%的钛铁矿来自滨海砂矿，所以世界上许多国家都十分重视对滨海砂矿的开发利用。

中国海岸线漫长，大陆架宽阔，岛屿众多，发育了多种地质单元和地貌类型，有着良好的成矿条件，形成了丰富的砂矿资源。尤其是在渤海沿岸，富含着大量的锆石矿、钛铁矿和石榴石等。

锆石矿

魅力非凡的锆石，在业界有"可与钻石媲美的宝石"之称。的确，锆石几乎就是钻石的"同胞姐妹"，它们长相酷似。如果将一颗晶莹透明的锆石与一颗钻石放在一起，相信很多人都很难辨别它们。因此，透明的锆石在一些情况下，常常担任钻石的"替身"。

⬆ 含锆石的原生矿

⬆ 显微镜下的锆石

如此美丽的"矿石奇宝"，在哪里沉眠呢？东南亚一带的柬埔寨、泰国和缅甸等地都是其留恋之地。在我国，渤海海域也是这个"美人"心仪的地方。在渤海北部的辽东半岛，尤其以金厂湾最为著名，这里的锆石矿不仅储量大，而且质量上乘。在渤海西部，山海关—秦皇岛—北戴河一带也有锆石矿的倩影。而渤海南部的锆石矿就略显稀疏了，含量较少。

钛铁矿

乍一看钛铁矿，你一定不觉得它有什么特别之处，颜色黑黑的，略带灰色，和煤球极为相似。但是，如果轻掂一下，你一定会对它刮目相看，因为它真的很重！这块貌不惊人的矿石中到底藏有什么秘密呢？一起来关注这块矿石吧。

钛铁矿，真可谓名副其实，它含有非常丰富的钛和铁的氧化物。正是这些钛、铁元素的存在，使得钛铁矿的体重居高不下。

钛有硬度大、熔点高、耐腐蚀等优点，因此被人们亲切地称为"未来的钢铁"、"21世纪的金属"。

在渤海，钛铁矿的分布并不很均匀。总体来说，渤海北部的钛铁矿含量最高，尤其以辽东湾地区最为丰富。而在渤海南部和莱州湾地区，钛铁矿就显得稀少了，含量比较低。此外，随着人类航天技术的不断提高，科学家在探测月球表面矿物时，也发现了钛铁矿的身影。看来，这种看似微不足道的矿石还真是神通广大，连"亲戚"都遍及不同的星球呢！

如何区分锆石和钻石？

锆石和钻石真的很难辨认吗？其实一点都不难，一个10倍放大镜就足矣。具体操作方法：用此倍数的放大镜仔细观察锆石的棱面，注意一定是从其顶部向下观察，这样的话，就会看到锆石底部的棱线有非常明显的双影存在。这种奇特现象的出现是由锆石矿较大的双折射率和偏光性所导致的。钻石不存在这样的情况。

⬇ 钛铁矿

石榴石

每逢秋季，石榴树上总会挂起一盏盏通红的"小灯笼"，弥散出一股股酸甜味道，惹得人们垂涎三尺。小心翼翼地剥开一个石榴，你会看到鲜活生命的凝结状，它们一个个都涨着红色的晶汁，格外美丽。这些石榴籽，像极了打磨光滑的石榴石，圆润剔透，光泽晶莹。

在《圣经》故事中，那艘花费了120年制成的诺亚方舟，就是依靠石榴石照明的。

日常生活中，人们常常将石榴石打磨成工艺首饰佩戴，不仅美观大方，而且有保平安、促健康的寓意。尤其是在1月份出生的人，更是对石榴石情有独钟，因为石榴石是1月生辰石，寓意"纯朴"、"坚贞"和"信仰"。

常见的石榴石，多呈葡萄酒红色，但这并不意味着石榴石色彩单一，蓝、绿、黑、黄等颜色的石榴石也很常见。其中，比较罕见的是绿色的石榴石，俗称翠榴石，很像祖母绿。比较遗憾的是，如此珍贵的宝物，晶体都很小，1克拉以上的就算是凤毛麟角了。

碧波如练的渤海，怎么舍得丢弃如此美丽的宝贝呢，瞧，在辽东湾浅滩和辽东湾东部就聚集了不少身披五彩衣的石榴石。除此之外，渤海的其他地方也均有石榴石的踪迹，只不过数量相对较少而已。

⬆ 石榴石

◀ 常见的石榴石饰品

渤海动力能源

风和日丽的天气里，浩渺的渤海海面上微波荡漾，粼光闪烁。然而，一旦遇上狂风暴雨的天气，大海便一改平时的温和，变得暴躁起来。它汹涌着、澎湃着，掀起巨大的浪头，猛烈地拍打着岸边的巨石，发出沉闷的轰鸣声。可是，面对如此"暴躁"的渤海，你可曾想过要"驯服"它吗？你可曾想过这"发怒"的渤海到底藏着多少动力？它肆意掀起的巨浪蕴涵着多少能量？它扯着"嗓子"又释放了多少能量吗？

风能

"来之即可用，用后去无踪；做功不受禄，世代无尽穷"，说的就是风能。乘一艘巨轮游荡在渤海海面上，驻足于甲板，你会看到一个个庞大的"三指"风车夺水而出，一副傲然神气的模样，俨然一道道亮丽壮观的风景线。望着这些悠然转动的大家伙，你不禁会感叹一声：古老的风能就这样焕发了青春的活力。

众所周知，风是地球上的一种自然现象，它是由太阳辐射引起的。风能是由地球表面大量空气流动所产生的动能，是太阳能的一种转换形式。无论是陆地上的风能，还是海面上的风能，它们不仅储存量大、品质优、可再生、永不枯竭，而且清洁无污染。面对应用潜力如此巨大的新能源，人类终于在20世纪70年代石油危机以后，开启了风能开发与利用的新时代，开始在海面上大规模精心培育这一能源"新秀"。目前，人们在开发风能时，

⚓ 风力发电

主要是致力于风力发电。目前，欧美各国的海上风电场已处于大规模开发的时代了，那么我国呢？

我国风能的前景一片光明。我国地大物博，风能资源自然也不在话下。将目光暂时停留在我国的近海地带，这里暗暗蕴藏着巨大的能量。目前在我国，南澳风电场、横山风电场、长岛风电场等18个沿海风电场，已经将风力转换成电能了。

放眼渤海，我们不禁感叹，小小的海域，风能竟也源源不断。瞧，长岛风电场在向你招手。位于黄、渤海交界处的长岛，是渤海海峡的一个风道（中国大陆架辽东与胶东的峡口地带），

风力发电

这里的海平面具有粗糙度低、摩擦力小的特点，因此风力比陆地上的风力更稳定、可利用率更高，所以我们完全可以说这里就是一个名副其实的大风场。截至2007年，长岛已有80台风电机组投入运营，总装机容量为62兆瓦，全年风电发电量约1.3亿千瓦时。长岛风电场，不仅产电量较大，而且是个环保集合地，已经真正实现了经济效益和生态效益的双丰收。当然，双丰收的赢家在渤海可不止这一个。这不，河北省首个沿海风力发电项目——海兴风电场就不服气了。2008年10月投入运营的海兴风电场，位于海岸线全长18千米的海兴县。这里风能资源丰富，全年有效风速出现的时间为5000～6000小时，有效风能密度为每平方米200～220瓦，有效风能储量每平方米800～1000千瓦时，是全国风能高值区之一，几乎没有破坏性风速，非常适宜大型风电场的开发建设。目前，海兴风电场二期工程的相关工作正在紧张、有序地进行着。等到工程全部竣工，海兴风电场将会对优化华北电网结构、保障当地工业用电等产生重大的影响。

　　一般说来，海上风能所产的电量主要是供应人们日常生活或者国家建设的各个领域。但是在渤海，有一座风电站，它的使命就是专门给海油平台供电。它就是位于渤海辽东湾的中海油绥中36-1风电站。2007年11月28日，中海油绥中36-1风电站正式投入运营，专门服务于中海油绥中36-1油田，所发的电量满足了油田所需，减少了油田的柴油消耗量以及二氧化碳、二氧化硫等有害气体的排放量，真正实现了节能减排。另外，中海油绥中36-1风电站还拥有多项自主创新技术，可谓世界海上风电项目的一个亮点。

🔵 长岛风电站

🔵 中海油风电站

潮汐能

所谓潮汐，就是海洋水体在太阳、月亮引潮力的作用下，每天都在作振荡运动，由此引发的海面升降现象。

潮汐能是指从海水面的涨落中获得的能量。它是一种水能，将潮汐的能量转换成电能及其他有用形式的能源。目前，人们开发利用潮汐能的主要方向仍是利用潮差来推动水轮机转动，再由水轮机带动发电机发电。具体来说有两种形式。一是潮流式系统发电，即利用海水流动的动能，推动涡轮发电机发电。这种发电方式与风推动风车的方式极为相似，是目前比较常用的方式，成本比较低，对生态环境的影响比较小。二是堰坝式系统发电，即利用海水潮汐高低差的位能发电。这种系统由于需要建造堰坝等相应的土木工程，所以成本较高，另外对环境也有一定的影响。

我国现在的潮汐能发电量居世界第3位，仅次于法国和加拿大。可以说，取得这一骄人的成绩，最大的功臣是

秦皇岛潮汐

↑ 长岛潮汐

↑ 兴城潮汐

太平洋，因为我国沿海的潮汐主要是由太平洋传入的潮波引起的。这些潮波，一支经日本九州和我国台湾之间的水域进入东海，其中小部分进入台湾海峡，而绝大部分向西北方向传播，引起黄、渤海的潮汐起落；另一支通过巴士海峡传入南海，形成南海的潮波。

渤海大部分海域为不正规半日潮类型，只有在秦皇岛外、旧黄河口外无潮点区为正规日潮，向外依次为不正规日潮和不正规半日潮，渤海海峡为正规半日潮。

要问渤海海域的潮汐能谁最强？辽东湾顶和渤海湾顶可有得一拼了。不过，似乎辽东湾顶略胜一筹，平均潮差达2.7米；渤海湾顶次之，平均潮差在2.5米左右。

仗着如此优越的潮汐能，渤海动力开发前景一片光明。相信渤海会充分把握机会，将这一永恒的、清洁的能量开发到底，因为渤海的潮起潮落力壮如山！

潮汐能发电站

1913年，德国在北海海岸建立了世界上第一座潮汐能发电站。

1957年，中国在山东建成了我国第一座潮汐能发电站。

1967年，法国朗斯潮汐能发电站建成。

法国朗斯潮汐能发电站

潮流能

潮流是海水在天体引潮力的作用下产生的周期性运动，潮流能则是指海水在水平方向上的动能。潮流运动存在于整个海流中，开阔大洋的潮流流速很小，而在陆地和海底地形等因素的影响下，在近岸浅水海域，特别是海峡、狭窄水道等处会形成较强的潮流。我国有名的潮流高能密度区莫过于老铁山水道、舟山群岛的金塘水道和西堠门水道了。

到了渤海，要是想深入了解潮流能，那就一定要去老铁山水道。因为只有在这里，你才会感受到渤海潮流能的威力与魅力。位于庙岛列岛北部的老铁山水道，北起老铁山的西角，南到北隍城岛，是渤海海峡最北部也是最宽的一组水道，它沟通渤海与黄海，素有渤海湾"咽喉"之称。水道总体呈西北–东南方向，长度约为45千米，水道最深处达83米。在这里，由于受地形限制，水流湍急，入海的潮流流速很大，老铁山水道北侧近岸海域流速最大，平均功率密度超过500瓦/平方米，大潮平均最大功率密度为3700瓦/平方米，小潮平均最大功率密度为1400瓦/平方米。基于这样的潮流密度与整体环境条件，开发老铁山水道势在必行。目前国内外的潮流发电都处于试验阶段，虽然一些潮流发电机已投入运行，但是开发效果仍不乐观。所以，老铁山水道的潜力何时可以被人类开发，还需我们好好探索一番。

老铁山水道

渤海渔业资源

　　素有"渔业摇篮"之称的渤海王国，其"臣民"种类众多，有藻类、贝类、虾类、蟹类、鱼类等。正是这些水族生物的存在，使得碧波浩渺的渤海海域渔歌阵阵，千帆齐舞。"轻波一钓船，海货与山齐"的渤海，确实令人陶醉。你想知道这"钓船"中到底藏着些什么吗？想知道"海货"中有什么稀奇的东西吗？现在就让我们一同起航渤海吧！

渔业大观

　　抛一丈"轻纱"渔网，随着小船轻轻摇晃，悠悠地哼一曲歌谣，待到那窸窸窣窣的触动声响起，满眼望去都是那惹人笑的银光跃动。渤海是北方海洋渔业资源的源头，在我国海洋渔业生产中占有重要的地位。在20世纪70年代，渤海渔业捕捞量占黄、渤海渔业捕捞总量的28%~40%。渤海之所以能成为中国北方的"蓝色粮仓"，原因就在于大自然赋予它的优越地

理条件。据统计，陆地上共有黄河、辽河和海河等40多条河流注入渤海。这些河流为渤海带来大量含有机物质的泥沙，使这里成为盛产对虾、蟹和带鱼等的天然渔场。渤海沿岸河口浅水区营养盐丰富，饵料生物繁多，是经济鱼、虾、蟹等产卵、育幼、索饵和栖息的良好场所。

长岛渔船

渤海湾渔港

莱州湾渔港

捕捞船

🔺 渔业资源

渔业资源

　　渤海的确令人陶醉，这里形形色色的生灵常年游动着，透过蔚蓝的海水互相问候、相互嬉戏。由于受地理位置和海流等影响，渤海中的鱼类，温水性鱼最多，其次是寒水性鱼。鱼类比较常见的有20多种，如带鱼、小黄鱼、鲥鱼、鲈鱼、蓝点马鲛等。贝类主要有6种，如栉孔扇贝等。虾类主要有7种，其中以中国对虾和中国毛虾为主。蟹类主要有3种，如三疣梭子蟹等。另外，还有乌贼与鱿鱼等软体动物，海参之类的棘皮动物，海蜇之类的腔肠动物，哺乳类的海豹等和海藻类的石莼、裙带菜、石花菜等。

　　位于渤海西部的渤海湾渔场，是渤海海域的"海上明珠"。渤海湾渔场，是海洋生物的乐土。每天，这里的小黄鱼、带鱼、鲈鱼、鲐鱼、蓝点马鲛、青鳞鱼等海洋经济鱼类都"忙"得不亦乐乎，对虾、海参、鲍鱼、三疣梭子蟹等海珍品洋洋得意地在这里悠闲"散步"。如果你想要一睹渤海湾渔场的风采，那可得来对时间，每年的4～11月，才可以看到大量生物浮出水面。辽东湾渔场是个名副其实的连锁渔场，旗下共计21个渔区，是辽宁省重要的渔场之一。这里渔业资源丰富，主要盛产小黄鱼、带鱼、中国对虾、海蜇、中国毛虾、三疣梭子蟹、黄姑鱼、真鲷、梅童鱼、青鳞鱼、鲥鱼、蓝点马鲛等。

　　除了以上这两个大渔场外，渤海其他海域的生物资源也非常丰富。在这些渔场中，到处可见各种各样的渤海经济鱼。有平时栖息在渤海沿岸浅海区的"中国四大海鱼"之一的大黄鱼，有体长达160~230毫米的海鲫，有辽宁省沿海产量丰富的六线鱼等等。

渤海之殇

　　大家知道，再纯正的珍珠也经不起利器的磨蚀。渤海由于周围重化工业高度聚集，一些河流携带大量污染物入海，加上围海、填海过度以及渔民近乎掠夺式的捕捞，使得渤海这颗"珍珠"日益黯淡，变得浑浊不堪。如今的渤海，其渔业生产力水平骤降，生机勃勃的"天然鱼仓"已经风光不再。2012年7月，天津市渤海水产研究所发布的《渤海湾渔业资源与环境生态现状调查与评估》显示，有重要经济价值的渔业资源，已从过去的70多种减少到目前的10种左右。主要经济鱼类中的蓝点马鲛、黄姑鱼、小黄鱼、花鲈、鲳鱼等资源已经严重匮乏，带鱼、真鲷等面临灭绝的危险。现在渤海鱼类资源主要以中、上层小型鱼类为主，鱼类低龄化问题严重突出。目前可捕捞达产的品种只剩小黄鱼、中国对虾等，红头鱼、鲳鱼等则需要远洋渔船才能打捞获得。

渤海捕捞

⬆ 渤海的过度捕捞

　　蓝点马鲛，原是渤海产量较高的经济鱼，尤其以山东沿海的产量最多。20世纪50～70年代，年产量保持在2万～3万吨，有些年份能达到4万吨。自70年代后期起，人们过于追求眼前利益，不但扩大作业区面积、延长作业时间，还缩小胶丝流网的网目，给蓝点马鲛资源带来严重的破坏，使得蓝点马鲛的数量急剧下降。目前，蓝点马鲛的产量较20世纪60年代末至70年代初减产了近50%。

　　在渤海海域，被誉为"渤海珍品"的中国对虾可谓大名鼎鼎。在20世纪70年代，渤海出产的中国对虾是我国出口创汇的支柱产品，整个渤海年产野生对虾4万吨，仅莱州湾产量就达1.6万吨。但从1993年开始，渤海的中国对虾就形不成虾汛了，最少的时候，野生对虾年产量仅为几百吨。近几年，渤海的中国对虾年产量回升至几千吨，主要是沿海各省人工培育放流的对虾。

　　面对如此惨淡的渔业业绩，我们不得不痛心地接受这样的事实：渤海"鱼荒"时代已经不请自来。过往舟楫摇荡、渔歌阵阵的捕捞壮举只能是渐渐流淌在渔民的回忆中，消逝在渤海的涛声里。现在的渤海，恰似一个荒芜的蓝色大沙漠，只有海风能唤起它的丝丝波纹，一瞬间那

渥海的过度捕捞

点活力就消失殆尽。渤海，生命的消逝令人扼腕叹息。放眼昔日的"渤海第一渔港"——山东省寿光市羊角渔港的河汊子，一种萧条感油然而生。如今，渔民们的打鱼号子早已不再唱响，而换之以倚舟哀叹："没有鱼，还要这个'渤海第一渔港'的称号干什么？"这一问，包含着太多无奈与辛酸。

如今，再到渤海岸边散步，心里没有了悠然，却添了忧愁。那汪海水，早已没有了以往的清澈，而是泡着深褐色的污染物，泛着白色的肮脏泡沫，无力地流淌着。"活力"一词，早已不再属于现在的渤海。放眼望去，呆滞的渤海浅滩，横七竖八地躺着的是那些无辜的贝类的尸体；昏暗的渤海海浪，劈头盖脸地卷起层层污浊的垃圾。就连那股子海腥味，也远远地离开了渤海，换之以阵阵难以言说的臭气。

"海纳百川，川川皆污。"来自2009年《渤海海洋环境公报》的数据显示：渤海沿岸实时监测的陆源入海排污口共100个，其中工业排污口32个。渤海已经成为一个垃圾筒。从国家海洋局历年的《中国海洋环境状况公报》上可以看到，渤海海域的锦州湾和渤海湾的海洋生态监控区，在2009年就已得到"不健康"的评价；甚至有关专家指出，渤海环境污

⬆ 赤潮

⬆ 溢油事故现场

染程度已经达到临界点，如果不采取措施治理，渤海将会成为"死海"。渤海之殇，除了众多污水的排入外，还在于渤海频发的溢油事故和人类的过度捕捞。此外，号称人类得意之作的围填海工程也使得渤海大量的滨海湿地永久地丧失了"地球之肾"的调节功能。足以令海洋生物窒息的赤潮污染也会给渤海带来致命的一击。

所谓"赤潮"就是指海水中的某些微小浮游动植物或细菌在一定的环境条件下发生了突发性的增殖，进而引起了一定范围内和一段时间内的海水变色现象。其最大的危害就是会使海水的水质变坏，破坏海洋水产资源。

我们绝不是在危言耸听，我们是在发出警告！岌岌可危的渤海，需要我们共同的抚慰！那么，如何拯救已经"病入膏肓"的渤海，为渤海"疗伤"呢？人们一直在努力着。

渔业修复

为了延续渤海的生机，我们需要继续坚定推进渔业资源修复的工作。早在2001年，我国就制定了"渤海碧海行动计划"，共实施427个项目，是目前中国最大的海洋环保工程。这一计划实施之后，已经取得了明显的效果。此外，一直置身于研制渤海康复"药方"的工作人员，为了更彻底地根除渤海的"病根"，又提出了"全流域性总量控制"的管理政策。这项政策在国外已经展现了其优越性，在封闭或者是半封闭的海域效果尤其明显。

渔业修复的具体措施主要包括海水养殖、增殖放流、伏季休渔和海洋牧场建设等。

海水养殖

面对匮乏的渤海,我们除了要制定相关政策之外,还需致力于渤海耕牧事业。耕牧渤海,并不是什么痴人说梦,因为这里有优越的自然条件。渤海沿岸多条河流的注入,不仅带来了丰富的营养盐,而且在入海口形成海、淡水交汇区,这里便成为了经济鱼、蟹、虾类等及其幼体生长发育的天堂。除此之外,这里也有过硬的技术。科学家已经成功地在渤海浅海或滩涂上创造出适合栉孔扇贝、中国对虾等幼体生长的海域环境。

早在20世纪70年代,渤海沿岸的渔民便开始对外形美观、肉质细嫩、味道鲜美、营养丰富的栉孔扇贝进行人工育苗和养殖研究了。长岛县是全国最早进行规模化栉孔扇贝养殖的"中国扇贝之乡"。长岛县从20世纪80年代末至90年代初,栉孔扇贝养殖面积迅速扩大,成为我国规模最大的栉孔扇贝养殖基地。科学家利用这片宝贵的海域资源建成了山东省第一个栉孔扇贝原种场,在

⬆ 栉孔扇贝

扇贝养殖

这里对原生栉孔扇贝进行了人工驯化育苗和良种繁育等试验，所培育的苗种不仅抗病能力强、成活率高，而且生长速度快。这种优质苗种的研发为我国沿海地区的栉孔扇贝养殖提供了宝贵的经验。

中国对虾由于具有个头大、味道好、价值高、生长速度快、食性广等优点，在海水养殖中备受青睐。中国水产科学研究院黄海水产研究所培育出的"黄海1号"中国对虾，历经8代选育已经成功地出现在我们面前。它是我国第一个人工选育成功的海水养殖对虾的新品种。与日本对虾、南美对虾相比，"黄海1号"中国对虾具有生长快、抗逆性强、成活率高、产量

对虾养殖

高等优点。目前，科学家正致力于对"黄海1号"中国对虾的苗种培育、规模化养殖的推广工作，这对促进我国对虾养殖业的健康发展和提高我国的渔业经济效益都有着深远的影响。

目前，渤海海域的小黄鱼养殖正在如火如荼地进行着。为了挽留小黄鱼的"倩美身

↑ 扇贝养殖场

↑ 对虾养殖场

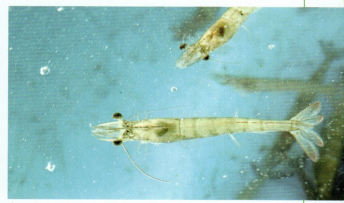

↑ 对虾

⬆ 莱州湾养殖场

影"，人们采用土池网箱培育技术、亲鱼室内越冬培育技术以及2龄亲鱼浅海网箱培育技术和2龄亲鱼室内越冬培育技术相结合等方式，大大提高了小黄鱼的成活率。面对蓝点马鲛严峻的生存形势，水产专家已经在山东省开展了蓝点马鲛的人工养殖研究项目。为保护渤海海域三疣梭子蟹资源，水产专家采用水质清新、池底铺设粗砂的中、小型池塘来放养同规格苗种的三疣梭子蟹。至于海参，人们早在20世纪90年代中期便掀起了一股养殖热浪，其中，最佳代表自然就是大连海参了。如今，大连海参的人工养殖，已经走上了一条品牌建设道路。目前，所培育的苗种不仅抗病能力强、成活率高，而且生长速度快。除了上述养殖技术之外，人们对真鲷、黑鲷、褐牙鲆、海蜇的养殖技术日益成熟。

冉冉升起的渤海耕牧业，不仅和谐，而且可持续，使得渤海既增殖，又"增值"。放眼渤海，群英荟萃，势头正猛。

增殖放流

当然，耕牧渤海并不仅仅限于海水养殖，还包括增殖放流这一重要环节。当海洋生物的幼体成长到一定阶段后，科学家便实施幼体放流计划，人工扩增渤海的渔业资源规模，改善生物的种群结构，进而弥补渤海的渔业空白，维持渤海的生态平衡。近年来，渤海海域的增殖放流行动一直此起彼伏。中国对虾、三疣梭子蟹、梭鱼、红鳍东方鲀以及各种贝类的受精卵、幼体或者成体都逐年陆续被投放到近海等水域。这些举措不仅大大缓解了渤海渔业资源匮乏的尴尬局面，而且逐渐改善了水体生态环境，使得渤海海域的渔业资源得以可持续发展。

伏季休渔

即使渤海有了上述放流的海洋"后备军"，也经不起人们无休止的出海捕捞，尤其是在伏季打捞。所以，自1995年起，渤海便全面实行伏季休渔政策了。据农业部黄、渤海区渔政局数据显示，渤海每年的休渔期为6~9月。在此期间，除了刺网、钓业和笼捕以外，其他所有作业类型都一律被禁止，实行"船进港、网封存、证（捕捞许可证）集中"。仗着如此严格的暂时性休渔政策，渤海便有机会"忙里偷闲"、"放松绷紧的神经"了。这对渤海的"臣民们"来说，更是一件喜事，它们终于可以不用提防人类的一件又一件的利器，"放心大胆"地"增肥"了。

↑ 增殖放流

海洋牧场建设

渤海的美丽回归离不开海洋牧场建设。海洋牧场是指在某一海域内，采用一整套规模化的渔业设施和系统化的管理体制，利用自然的海洋生态环境，将人工放流的经济海洋生物聚集起来，有计划、有目的地进行海上放养鱼、虾、贝类的大型人工渔场。目前，海洋牧场通过营造海底森林，发展立体生态化养殖，显著改善了渤海的生态环境。什么是"海底森林"呢？难道是海洋底层生长的森林吗？当然不是。据有关专家介绍，"海底森林"是指人们对投放人工鱼礁后的海底环境的一个形象化称呼。具体来说，就是人们采取海底投石、海带育苗、裙带菜半人工采苗等技术，充分利用海洋生物间的食物链关系，在人工鱼礁四周的潮间带和潮

↑ 海水养殖

下带营建的海藻"森林长廊"。通常，人们常常采用立体生态的养殖模式，即上层养殖裙带菜等藻类，中层挂养栉孔扇贝等贝类，而底层则养殖海参等各类海珍品。这样，这片茂密的"海底森林"空间便得以综合利用，形成一条完整的海洋食物链。目前，"中国扇贝之乡"长岛县已经成功实施了"海底森林"工程，营造了优质的区域性生态立体海水养殖环境，由过去单一的栉孔扇贝养殖模式升级为海参、鲍鱼、扇贝、海胆、海藻和鱼类等多品种混合养殖模式。此外，雄心勃勃的长岛县还提出了两个"百万工程"的蓝图：营建100万亩"海底森林"和营建100万亩生态养殖基地。

近年来，天津市加快实施渤海渔业生态资源修复的步伐，坚持增殖放流水生生物苗种，并通过投放人工鱼礁等措施来改善海洋生态环境，取得了良好的经济效益和生态效益。2012年，渤海湾天津地区中国对虾回捕率达2.67%，投入产出比达1:8.63。通过投放人工鱼礁群而

🌊 海水养殖场

人工鱼礁

建造的"海底森林",为鱼、虾及贝类提供庇护、栖息、索饵及产卵场所,形成了良性循环的海洋生态环境。此外,人工鱼礁的表面还可以附着藻类和贝类,可以间接起到净化水质、防止赤潮的"生物吸尘器"效果。

目前,农业部正式批复了渤海生态修复长岛示范区建设项目。环渤海地区已有两处渤海生态修复示范区,分别在山东省长岛县和河北省北戴河区。示范区建成后,将对修复和改善海域生态环境起到积极作用。

如今的渤海正逐渐修缮自身,全方位地采取各种措施拯救危机。我们希望这些补救措施能够取得成功,希望渤海能重新焕发当年的风采,再次加冕其"天然渔场"的桂冠。为了帮渤海圆梦,我们势必要有耐心,因为"即使整个环渤海湾实现零排放,渤海要通过自净能力完成自我净化,也需要几十年甚至上百年的时间"。渤海的未来任重道远,就让我们继续携手共进,共同保护我们的渤海吧!

🔵 海洋牧场

考古藏典

渤海

BOHAI SEA ARCHAEOLOGY

> > > 03 > > >

　　深藏于渤海的一段段历史，会在不经意间露出真容。当这些酣睡数百年的往事，再现璀璨的古代文明时，激起的不仅仅是人们对故人的缅怀，更多的是对中华民族悠久历史的敬仰。一艘艘被泥沙掩埋的海底沉船，一座座被尘土覆盖的海边遗址，都有满腹的陈年往事。它们跨越时光隧道，来到我们面前，迫不及待地诉说着那些早已被时光冲淡了的苦难岁月抑或辉煌历程。渤海荡漾，悬念涟漪，一些未知的渤海传奇正在上演。就让我们轻轻地揭开这虚掩的时光布幔，还原历史的一幕又一幕吧……

渤海沉船

　　如果有幸能到渤海海底去逛一遭，那你一定会见到令人目瞪口呆的大家伙——沉船遗迹。谁会料到，过去风光无限的海上船只，如今却是海底生物的游乐园。颓败不堪的沉船散发着历史的幽怨，承载着不灭的记忆。如果仔细勘探，些许不惧怕时光的文物会重出"江湖"，些许蛛丝马迹会道出灾难的缘由。

辽宁绥中三道岗元代沉船

　　驾一艘弯弯的小船，哼一曲悠悠的渔歌，时而望望远处静谧的蓝海，时而摸摸手下的渔网，这样的渔家生活好不自在。你是否想过，在这张又大又结实的渔网里打捞的就一定是活蹦乱跳的鱼儿吗？或许这里头躺着的是一些令你傻眼的"海货"！1991年7月的一天，在辽宁绥中三道岗一带，几名渔民在海上照常捕鱼作业，然而这次打捞起来的渔网里竟是一件件精美的瓷器和一些破碎的船板。于是，他们赶忙向绥中县文物管理所报告他们的所见。就这样，这艘已被历史淡忘的辽宁绥中三道岗元代沉船渐渐浮出水面，重新接受人们的赞美！

海底寻宝

　　辽宁绥中三道岗元代沉船的考古开发，历经7年之久，是我国首次独立完成的大规模的水下考古项目，被评为1993年度中国十大考古新发现。

🔼 1994年三道岗沉船水下考古

🔼 三道岗沉船考古使用的管供技术

1997年三道岗沉船水下考古

元代磁州窑白釉黑花婴戏图罐

　　为了一层层地揭开遮掩在三道岗元代沉船上的神秘
面纱，考古人员一到夏季就回到三道岗，紧锣密鼓地忙起
来。三道岗，之所以得名，就是因为在其水下耸立着三道高窄的沙岗，颇有定海神针之势。
这三道大沙岗，平时都掩藏在海水中，形似一座座暗礁，只有在落大潮时才会稍稍羞涩地露
出水面，接受阳光的抚摸。如此复杂的水下地貌，对考古工作人员来说就是一个不小的挑
战，然而这里的复杂情况还远非如此。

　　在三道岗的海底有许多泥沙堆积，一旦遇到天气和潮汐变化，潮水便会把大量的泥沙搅动
起来，使得水下的能见度变得非常低。面对这些严峻的考验，考古工作人员没有气馁，他们利
用遥感探测、旁侧声纳、高精度磁力探测等高新科技手段，一步一步地进行海底寻宝。功夫不
负有心人，考古人员经过7年的不懈努力，三道岗元代沉船的真相终于水落石出。

沉船宝藏

　　三道岗元代沉船是木质结构，遗憾的是，经过几百年海水的腐蚀，船体已经不复存在了。
考古学家根据其遗留下来的大型沉积物主体堆积形状和整体走势，估计原船的长度为20～22
米，宽度为8.5～9米，高度是3.2～3.75米，吃水深度为2.1～2.5米。

　　三道岗元代沉船的沉积物形状，上窄下宽，所以船只在沉没的过程中可能发生了颠覆
性的上下翻转。

这艘沉船价值不菲，装载着上千件稀世罕物，其中不乏令考古界津津称道的绘有婴戏图的白釉黑花罐、清雅秀丽的鱼藻纹面盆、精致风雅的龙凤罐、极具装饰性的纯白釉梅瓶、仿建窑的黑釉瓷器和绿釉瓷等。

↑ 三道岗沉船瓷器

考古学家根据相关考古资料和对器形的分析与比较，认定三道岗沉船中出水的瓷器绝大部分为磁州窑精品。相比照瓷器的完整、整洁，那些同船的铁器就显得逊色多了。确实，这些历经700多年海水腐蚀的铁器遗物，能留存下来已实属不易了。那么，这些"坚强"的铁器的故乡在何方？或许也在磁县吧，毕竟在宋元时期，磁县也算是我国赫赫有名的冶铁之地。

情景模拟

大约700年前，一艘满载精美瓷器和铁器等货物的平底商船，从当时繁华热闹的南渤海大港直沽港顺利起航，沿着中国海上丝绸之路，向东北方向行驶。可谁会知道，途经三道岗时，天公不作美，一时狂风大作，张牙舞爪的海浪像嗜血的魔舌，肆虐地舔着这艘无辜的大船只。就这样，船在风浪的淫威中开始倾覆，三道岗便成了这艘元代商船长眠的墓地。究竟这艘商船驶向何方，是去经营一笔大生意，还是只承担着转运货物的职责？这一切的秘密或许只有渤海知道吧！

蓬莱沉船

　　丹崖山巅，蓬莱阁绿树掩映，殿阁凌空，云烟缭绕，浮光耀金。丹崖山脚，蓬莱水城断崖千尺，墙垣逶迤，浩气满盈。漫步于蓬莱水城，总要去城中小海看看。小海，呈狭长形，南北长为655米，水深随潮汐而变。正是这个小海，将蓬莱水城一分为二，东西各半。在小海的沿岸均有以块石砌筑成的码头，古时用以停泊船舰、操练水师。小海，小海，本事可真不小。在小海，蓬莱元代战船、蓬莱明代战船、蓬莱一号古船和蓬莱二号古船重见天日。

⬇ 蓬莱古船博物馆

蓬莱元代战船

1984年6月，人们照例为小海"洗颜换面"、清理淤泥，然而在清理其西南岸时，一艘埋藏多年的古沉船从黑色淤泥中缓缓浮现。虽然它的甲板上部已经失存，但是其大部分底部船板和舱隔板都保存完好。经考古专家鉴定，这艘古船属三桅木帆船，它就是蓬莱元代战船。

要想看到这艘大家伙的样貌，那就得离它远一点了，因为它实在是太大了，残长28.6米，残宽5.6米，残高0.9米。如果用一个词去形容这艘船，那"修长"二字再合适不过了。因为它一反传统的"短肥型"样式，采用了瘦长造型，长宽比竟可以达到5∶1，这几乎是我国先前出土的几艘古船的长宽比的两倍。另外，这只船整体呈流线型，平底，首尾高高翘起，带龙骨，尖头阔尾，酷似一条巨型刀鱼。这艘"刀鱼船"，共有13道舱壁，在其第3舱和第7

舱都保留有桅杆座，船尾有舵座，而且都是用珍贵的楠木制成的，足见其非同一般的气质。

想要知晓这艘沉船的年龄并非难事。瞧，一只随此船一起出土的高足杯就可以帮不少忙。考古人员通过仔细研究，认定其为元代龙泉窑制品。难道这只小小的高足杯就能代表这艘大船，断定其年龄吗？当然不是。考古人员还发现了一个最具说服力的细节：此船残存的长宽深尺度与蓬莱水城的水门尺寸有关系。

既然蓬莱元代战船是艘个头魁梧、气势浩荡的战船，那它沉没的原因一定是其吃了败仗或者是不幸遭遇了风浪天气吧。如果这样想，那你就大错特错了。因为从此船沉没的位置来分析，它沉没于风平浪静的小海西南岸边，所以当然不是风浪所致。再来关注船只本身，其船体并没有明显的作战痕迹，而且船只抗沉性很强，共有14个水密舱，即使遇到意外情况，一个或几个舱室进水，它仍然能够保持良好的航海性能和战斗技能，所以"吃败仗"这一说法不攻自破了。

⬇ 蓬莱元代战船

倒是其船体西南部位有两个地方进行过明显的修补，这便说明元朝时期的它已经年岁不小，已然是艘旧船了。所以，它很可能是因为过度老化而无法修复最终被人们遗弃的船；之后经过长年累月的泥沙淤积，最终被掩埋起来，终不见天日。

虽然清淤工程又苦又累，丝毫不亚于"淘金"工作，但是这份脏兮兮的工作总会带给人们意想不到的惊喜。2005年3~11月，人们为蓬莱水城实施了大规模的清淤工程。本想着终日只能与泥巴做伴，可谁也没有料到，这次的蓬莱水城竟如此给力，一举"掏"出3艘古沉船、2件铁锚、2件粉青沙器碗、3件石碇、4件缆绳、300多件宋元时期和明清时期的各式陶瓷。除此之外，还有2件韩国古代陶瓷制品和松子等植物籽粒。

蓬莱明代战船

2005年7月24日，蓬莱水城欢呼雀跃，热闹非凡。就在蓬莱元代战船的西南岸的西面，一艘明朝战船出现在人们眼前。这艘重见天日的古战船，其形态虽已不见当年风采——它的艉部和后面的舱壁板及船舷以上的船板均已损坏，只有粗壮的主龙骨、艏柱保存较好，但威风凛凛的霸气仍不减当年。

蓬莱明代战船，残长21.5米，残宽5.2米，残深4.7米，呈瘦长的流线型，与蓬莱元代战船十分相似，也属于"刀鱼船"。

蓬莱明代战船？它确实是明代的吗？当然。因为考古人员发现了一块非常珍贵的造船木料，而它恰好与此船同处一层（淤泥堆积层），所以只要能够准确断定这块木料的年代，这艘沉船的"年龄"也就迎刃而解了。巧的是，这块造船木料上面竟然有明确的文字记载："永乐十年六月□□日进四百料。"因此这艘沉船的年代也应该在明代，尽管会有些时间差，但也不会相差太远。

蓬莱一号古船

自古，登州港（蓬莱水城）便是我国古代北方的著名港口。早在唐朝时期，这里已经可以自"登州海行入高丽、渤海道"了。仗着这条国际航线，高丽、朝鲜等国的使节纷纷乘船渡海，在登州港登陆，到访我国。譬如，元明清时期出使中国的高丽、朝鲜使节，著名的就有安轴、李齐贤、郑梦周、郑道传等。既然这里使节来往如此密切，那么蓬莱水城一定目睹

蓬莱一号古船挖掘现场

了不少的外国船只。那么，有没有可能在小海里就埋藏着这样一艘异域风情的船只呢？让我们走进蓬莱一号古船探个究竟。

这艘古船是于2005年7月26日重见天日的，它与蓬莱明代战船几近并排，相距不到2米。船形为小方艏、方艉，首尾皆起翘，平底，残长17.2米，残宽6.2米，残深1.28米。这艘从黑暗的淤泥中走出来的古船，出场姿势颇不寻常，呈东西走向，头西尾东，左侧深深地斜沉于黑色淤泥中。正是这种不平衡的姿势，使得其左侧船的外板保存得比较完整，为8列；右侧船的外板则保存不全，仅为3列。

这艘古沉船是韩国制造吗？很有可能，因为它的船底板是由中央底板、左底板、右底板共3列宽厚板材构成的，并且用木栓贯通连接。而这样的造船工艺在我国已出土的50多艘古船中尚未发现，倒是与在韩国出土的达里岛古船十分相似，这便说明蓬莱一号古船可能来自遥远的韩国。

关于蓬莱一号古船究竟是使节船还是贸易船的问题，至今仍是学界的一个未解之谜。

这艘古船为何会长眠于蓬莱水城呢？是什么原因使得它不能荣归故里呢？这一切的一切都应归罪于小小的船蛆。正是这群贪婪的小寄生虫，将蓬莱一号古船啃噬得体无完肤，使得大多数船材呈蜂窝状。面对如此狼狈的船只，船长也只能无奈地摇头，因为就算是后期多次修缮，船只也难免沉沦，所以这艘船的后半生注定只能在蓬莱水城内度过，不能叶落归根。

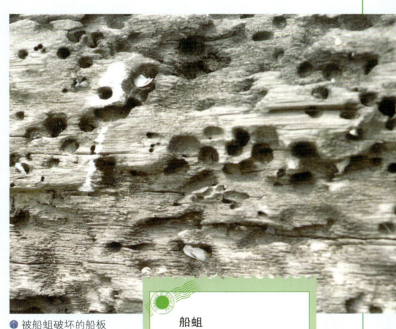
⬆ 被船蛆破坏的船板

因为蓬莱一号古船是弃船，所以在船上所发现的遗物比较少，其中，古代舶来品主要有粉青沙器碗、瓷瓶、陶茧形壶、陶瓮等。发现的粉青沙器碗，均呈现14世纪后期至15世纪朝鲜半岛瓷器风格。一件人称水波联珠纹碗，因为其釉面布满冰裂纹，很像涟涟水波；另一件叫作菊花莲瓣纹碗，光听这诗一般的名字

船蛆

船蛆，是一种双壳类生软体动物，主要分布在近海海域。它们是船材的克星，破坏力极强，只要钻入船材，就会永久定居，终生不再外出。

就能想象其有多美妙了，而事实也恰恰如此。在其青色又闪烁黄光的釉面，一丝丝冰裂纹徒增一份灵动感，远远看去，整个碗面花团锦簇，一瓣瓣黄菊和一叶叶青莲依稀可见，煞是可人。另外，考古人员在这艘沉船上也发现了一些中国文物，如做工精美的北方窑黑釉碗和青釉碗，还有一些白色料珠和松子等。部分考古人员认为这艘古沉船可能是元末明初的产物。

蓬莱二号古船

位于蓬莱一号古船北侧不远处的蓬莱二号古船，见到蓬莱一号古船时它一定会"羞得涨红脸颊"，因为与蓬莱一号古船较整洁的外装相比，蓬莱二号古船显得较为"肮脏"。

仔细观察这些残留的船板，部分专家推测这艘古船由韩国制造。因为，其独特的造船技艺与之前在韩国莞岛出土的高丽古船、在木浦达里岛出土的高丽沉船、在群山十二东波岛出土的高丽古船以及在新安安佐出土的高丽古船极其相似。它们均在中央底板上挖设桅夹板孔，但是，从其设横舱壁、设龙骨板补强材、铁钉木钉并用以及桅杆的起降等技术方面来看，这艘古船又融合、借鉴了中国的造船技术。

⬆ 蓬莱二号和三号古船挖掘现场

渤海 "盐" 传

18世纪的法、英等西方国家，早已将视线转向了一座又一座的盐业遗址，他们轻轻叩打着那些古盐业残骸，怡然自得地细数每一个盐业传奇。而这份来自古盐业遗址的独特风格，直到20世纪90年代重庆中坝盐业遗址的发现，我国考古人员才渐渐领会，中国盐业考古的序幕才缓缓展开。在我国渤海，处处 "盐" 光闪烁，寿光双王城盐业遗址群、潍坊东周盐业遗址群等盐业遗址令人赞叹不已。

寿光双王城盐业遗址群

捧一把白花花的食盐，任其从指间稀疏滑走，你可知道，这一颗颗垂落的盐粒，满载着历史。翻开历史的卷轴，不免好奇，在那个茹毛饮血的年代，我们的先民是如何获取盐分的？在那个将盐视作奢侈品的农耕时代，人们又是如何制盐的呢？制盐业在当时是何种风貌呢？现在就让我们把目光转向中国的海洋大省——山东省，因为在那里，会有一群盐业遗址向你慢慢诉说，这就是寿光双王城盐业遗址群。

寿光双王城盐业遗址群，是目前我国已发现的商周时期最大的制盐业遗址群。寿光双王城制盐遗址群面积之广、规模之大、数量之多、分布之密集、保存之完好，在全国罕见，完整体现了古代制盐业的风貌，为中国乃至世界盐业史的研究提供了宝贵的资料。寿光双王城盐业遗址群被列入2008年度全国十大考古新发现，并被国家文物局评为 "2007～2008年度田野考古奖" 二等奖，这是山东地区盐业考古成果的集中体现。

遗址一览

寿光双王城盐业遗址群很是神秘，不会让人们轻而易举地读懂它们，所以想要聆听

⬆ 商代晚期的制盐作坊遗址

⤊ 商代制盐作坊遗址

这群盐业遗址的故事，就需要我们带着一颗虔诚的心多次拜访。这不，我们的考古人员就曾于2003～2008年，先后7次到这里开展考古调查、钻探和试掘工作。每次到访，他们总会得到意想不到的新收获。然而，每每离开之时，他们总感到意犹未尽，因为他们明白这里的故事还有很多。目前，考古人员已经基本弄清了寿光双王城盐业遗址群的规模、分布范围、数量及年代，共发现古遗址89处，其中龙山文化中期遗址有3处、商代至西周初期遗址有76处、东周时期遗址有4处、宋元时期遗址有6处。

制盐工艺的推测

如此恢宏的盐业遗址，其出土的文物应该是数量不菲、品种多样的。然而，经过考古人员的一番努力之后，人们发现这堆文物数量倒是不少，但是品种相对单一，大部分是一种

⤊ 出土的盔形器

叫作"盔形器"的商周制盐器具，生活器皿少之又少。除此之外，人们在此也发现了卤水坑井、蒸发池、摊晒场、盐灶、蓄卤坑和各类生产垃圾等。

看着这些出土的文物，考古人员一头雾水，这些器具都有什么本领，它们之间又有什么关联呢？为了揭晓谜底，考古学家根据考古发现和作坊内的布局，对制盐场面作了推测性的复原。

考古人员初步推断，这一地区古代制盐方式可能有两种。一种可能是从作坊内的盐井内汲取卤水，倒入炉灶周边较大的浅池。一方面通过池子里的草木灰沉淀和吸附卤水中的杂质；另一方面利用风吹日晒进行蒸发浓缩，提高卤水的含盐量，经过浓化处理的卤水可转入炉灶两旁的储卤坑，再使用盔形器熬煮制盐。另外一种可能是，在炉灶旁的平地上摊平沙土，将盐水不断向沙土上泼洒，利用热力蒸发使沙土充分吸纳盐分。再将含盐量很高的沙土装入特制的容器内进行淋滤，获取高浓度盐水，提高产量，节省燃料。最后一道工序是将卤水注入盔形器内熬煮制盐。

有关资料表明，取出坚硬的盐饼往往需要打碎制盐工具，在寿光双王城盐业遗址群考古现场也发现了陶片集中的灰坑，或许能印证这种说法。由于目前缺乏考古依据，因此这种盔形器是否需要"破罐取盐"还需进一步考证。

🌀 宋元时期的盐灶及过滤沟遗址

基

盐

灶

盐
槽

基

盐

槽

池

盐

池

坑　井

煮盐工具

⬆ 商代晚期制盐作坊遗址的挖掘现场

盐业产量

　　人们不禁会问，一个盐灶一次到底可以生产多少盐呢？考古人员这样估算：一个盐灶可以同时放置200多个盔形器，而每个盔形器至少能够容纳2.5千克盐。所以，每个盐灶一次性便可以收获五六百千克盐，这样的产量在当时来说是相当巨大的。正在人们惊叹于这个巨大的数据时，一个新的发现又破水而出。几乎每个时代、每个地区的盐灶面积都基本一致，也就是说，不同时期的不同盐场所产的盐量基本上是一样的。为什么会出现这样的现象呢？考古人员告诉我们，这种现象很有可能是受制于当时的体制，即当时的盐业已经是官府操控的产业了。

　　一直到明清，盐和铁都是国民经济的两大支柱，一直为官府所操控而不允许私人经营。

东周制盐陶器的残片

潍坊东周盐业遗址群

一望无际的杂草丛，秋冬时节变得黯淡无光、没精打采。其间，一些奇形怪状的石砾、棱角分明的瓦片肆意横躺着。它们不知走过了多少春秋，不知目睹了多少行色匆匆的人。它们曾被一只只无情的脚尖踢得到处乱飞，也曾被一只只沉重的脚掌踩踏得体无完肤。它们无法倾诉，只能等待伯乐的到来。2009年秋冬时节，它们终于笑了，笑得举世瞩目。它们被山东省潍坊市的一支文物普查队的专家小心翼翼地捧在手中，从那一刻起，它们知道自己不再普通、不再丑陋，它们终于在流浪2000多年后重新拥有了自己的家。这个迟到2000多年的家就是名扬天下的潍坊东周盐业遗址群。

星罗棋布

这片盐业遗址群究竟有什么魅力，能够引得考古人员驻足研究呢？或许在当时，考古人员就已经预感到这里定是一片不凡之地吧。确实，这片土地并没有令人失望，一次次地带给人们惊讶和喜悦。

遗址断崖上暴露的文化堆积层

尚未出土的盔形器

2009年，文物普查队对潍坊市滨海区央子街道进行了拉网式调查，仅在东西长16千米、南北宽3千米的范围内，就发现了韩家庙子、固堤场、丰台和西利渔4处大型古代盐业遗址群，这些遗址群间距为2～4千米。这4处盐业遗址群由109个古代盐业遗址组成，其中，东周时期盐业遗址分布规模最大、数量最多，共86个。

有趣的是，这些东周盐业遗址大多喜欢群居，几乎每个遗址群都由30多个遗址成员组成。而且这些成员很相似，其规模均在20000平方米左右，为什么会出现这样的现象，难道是建造者有意为之吗？这看似蹊跷的背后究竟隐藏着怎样的玄机？对此，考古人员仍在查证，只是隐隐觉得这种修筑规模是受到当时的某种规制约束。

制盐工具

穿梭于这些盐业遗址，你会看到各种图案纹饰的瓦片散落着，有的为方格状，有的为菱形，有的又呈圆

形，这些瓦片的正反面图案不尽相同。那么，这些瓦片是什么东西？它们有什么用途呢？考古人员经过翔实的资料查证，认为它们是古代的一种制盐工具的碎片。因为那时的人们用于制盐的工具主要是小口圜底厚胎瓮和大口圜底薄胎罐（盆）形器，而在这些个头较大的器具的壁上均印制着一些圆形、菱形或者方格状的图纹。至于这些图纹有什么用途，有待考古学家的进一步考证。

考古专家推测，东周时期该地区的制盐流程可能为：盐工从井里提出浓度较高的卤水稍加净化，储存在小口圜底厚胎瓮里，利用加热或别的方式提高浓度，并进一步净化卤水，最后把制好的卤水在大口圜底薄胎罐（盆）形器内熬煮成盐。

史料价值

远古的制盐业，气势恢宏；今日的遗址群，名垂青史。东周时期，渤海南岸的齐国凭借其"鱼盐之利"的优势地理条件和"食盐官营"的合时制度迅速崛起，一举成为当时著名的盐业基地。究竟当时的盐业生产水平、制盐方式、盐业分布情况等是什么状况，过去我们只能借助于文献记载，但是文献终归是文献，总没有实物来得真实。如今潍坊东周盐业遗址群的发现，为我们的研究提供了更为直观、更为真实的考古依据。

据考古专家介绍，近年来，渤海南岸地区的考古工作主要集中于渤海南岸地区商代和西周早期的盐业遗址群。以往发现的东周资料只有零散的遗址点。2009年这次考古发掘的东周盐业遗址分布最为集中，规模最大，数量也最多，填补了该地区东周时期盐业考古的空白。

⬆ 盔形器残片

渤海古建筑遗址

过往的辉煌，今日的财富。渤海岸边，一处处古建筑遗址越发地引人注目。它们拥有永不贬值的历史底蕴，它们向来只接受后人的注目礼。号称"东半坡"的北庄遗址，历史之悠久令人咋舌；军魂浩荡满乾坤的蓬莱水城，历代之升级令人目不暇接；闻名遐迩的秦皇行宫遗址，规模之宏大令人惊叹。渤海古建筑遗址，是多么精彩。

北庄遗址

悠悠岁月，尘土纷扬，璀璨耀眼的一座孤岛，渐渐沉寂了。然而，千百年间，它并不甘心，一次次震撼着海岸的狂澜，试图翻开历史的一页。1978年，它终于如愿了！深藏了几千年的秘密，在历经山海变幻、沧海桑田之后，终于隆重登场了。它就是位于山东省长岛县大黑山乡的北庄遗址，一座新石器时代晚期的母系原始社会村落文化遗址。

"东半坡"

这座北依烽台山、东临渤海的古人类聚落遗址一经发现，便被人们兴奋地誉为"东方历史奇观"。的确，北庄遗址接受再多的赞美都不过分。这里是长岛县形成时期最早、埋藏最丰富的古遗址。北京大学的

严文明教授认为该遗址距今有6500年，比传说中的三皇五帝还要早几百年。在陕西西安，半坡遗址闻名遐迩，而长岛的北庄遗址也毫不逊色。其古村落遗址的发掘，无论是数量还是史料价值，都完全可以与西安半坡遗址媲美，难怪被考古界称为"东半坡"。

为了探秘这座古遗址，自1978年春至1981年秋，由北京大学考古系、烟台地区文管会、长岛县博物馆组成的一支考古小分队，先后进行了5次大规模的考古发掘，共清理出土房屋基址104座，墓葬60余座，各种灰坑、窖穴等200余座，器物3000余件，各种动物遗骸2000余件。通过研究这些文物，考古人员一致认为这座闪烁着历史光辉的北庄遗址大致可分为早、中、晚三个时期：早期属于新石器时代，以北庄文化为代表；中期以龙山文化、岳石文化为

🔸 北庄遗址

代表；晚期则主要属于战国时期。其中，以北庄文化为代表的新石器时代是遗址的主体构成。这一时期的远古文化到底是什么模样？就让这出土的原始村落遗址慢慢告诉你吧。

北庄古村落遗址，在分布上大致可以分为南北两区，区间有南北宽10米、东西长60米的深沟。这道深沟是做什么用的？考古人员郭贤坤曾试着解释说："两区之间的深沟，很可能说明这两个部落之间是一种对立的关系。"此外，在这道沟内，大量的红烧土块厚薄不等地堆积着；在沟两侧35米的范围之内，又分布着数十座灰坑和窖穴。两区之中，房屋布局颇具规律，一般分为若干组，每组以一座大房子为中心，四周围绕着几座小房子，组与组之间又被一系列的灰坑和窖穴群隔开。看着这样布局井然、生活气息浓郁的村落，脑海里会显现出一组组远古先民辛勤劳作、邻里往来的怡然自得的生活场景。

古房基址

来到这座神奇的"东半坡"，你一定会被一座座温馨、舒适的古房基址所吸引。这些保存相当完整的古房基址，大多为半地穴式，平面一般为圆角长方形或圆角方形，面积一般为20～30平方米，最小的为4平方米，最大的则为70余平方米。屋顶均为四角攒尖型的干草苫顶，房屋以木桩为骨架，黄泥敷墙。

↑ 古房复原图

轻轻地迈进去，你就会由衷地钦佩这些远古先人的造房智慧。首先，映入眼帘的便是黄里透白的"地板"，这种"地板"是用黄土铺设而成的，坚实平滑。另外，上面还铺着一层白色的石粉末，既结实又防潮。再看那些形似簸箕的"箕形灶"，你会发现在其周围有一圈高数厘米的灶圈。这是做什么用的呢，难道是装饰吗？不，这可是聪慧的先民为了防止燃火外溢而专门建造的。

据考古人员介绍，一般长4.5米、宽4米左右的小型房址，有一个灶；而长约6米、宽约5米的大型房址，灶则多达3个。

好了，让我们将视线转移，关注粗糙的木桌上面摆放的那些陶器。它们多为日常生活器皿，有鼎、鬲、鬶、罐、盆、盘、碗、壶、杯等。可见，我们现在所使用的各种器皿，在距今6000多年的古人那里就已经基本俱全了。另外，你还可以看到大量的镖、箭头、锥、针、鱼叉、鹿角镐、骨耜等骨器和斧、锛、镰、刀、磨棒、网坠、纺轮等器具。这些文物都向我们传达了一个信息：母系氏族社会时期的种植业、捕鱼业、纺织业等已经颇具规模了。

陶器史话

爱美是人的天性，我们的先民当然也不例外。例如，他们经常将贝壳加工一番，制成项链或手链等装饰自己。闲暇的时候，他们还会制作一些精美的陶器艺术品，尽情发挥他们独特的艺术才能。

⬆ 鸟形鬶

瞧，这件鸟形鬶栩栩如生，呼之欲飞。它颜色为灰褐色，平背圆腹，三足鼎立，塑造为鸟头形，完全写实。器具上竖立起一个桶状注水口，与斜出的鸟颈前后呼应，我们也可以将其看作鸟的尾部。这件匠心独运的艺术珍品，不仅艺术感十足、原始文化气息浓厚，而且对于研究胶东先民的图腾文化有着深刻的意义。据说，这件鸟形鬶反映的是东夷早期的图腾文化，足见当时胶东先民对鸟的顶礼膜拜。

除了鸟形鬶，在北庄遗址出土的文物中还有很多仿鸟造型的陶器。例如，高29.5厘米的夹砂红褐陶鬶，它造型端庄，稍显笨拙，腹部丰满，看上去就像一只胖胖的、憨态可掬的鸟妈妈。再看另一件红褐陶鬶，它的颈腹粗细相若，袋足瘦小，扁圆腹与三袋足浑然一体，酷似小鸟浑圆的腹部；流部部分高昂着，宛如小鸟的尖喙，充满生机与活力，蕴含着气冲云天的气魄。

如果问问考古人员，印象最深刻的出土陶器是哪件，他们十有八九会说是这件人面形陶塑。这件样子很古怪的陶塑，是一位老人的形象，脸颊狭长，颧骨低平，眼窝深陷，鼻

岛不过只是大海中的一座孤岛，几乎与世隔绝，那么这些西方人是如何抵达的呢？

考古专家们曾对一些古代东夷人作过DNA检测，结果表明，他们的骨骼里确实含有西方白种人的基因。

"其实在洪荒年代，长岛就是沟通胶东半岛和辽东半岛的一条大陆桥，而渤海则只是被围成了一个内陆湖，所以如果长岛上确实生活过欧罗巴人群，那么他们既不需要漂洋过海，也不需要借助独木舟，完全可以从胶东半岛步行走过来，途中只有少数地方需要趟过很浅的水。"考古人员郭贤坤如是说。其实，不管这些西方人士是否真的曾经来过，也不管他们是如何抵达这里的。重要的是，就算他们真的来过，他们也早已被当地原住民同化，最终成为我们中华民族大家庭中的普通一员。

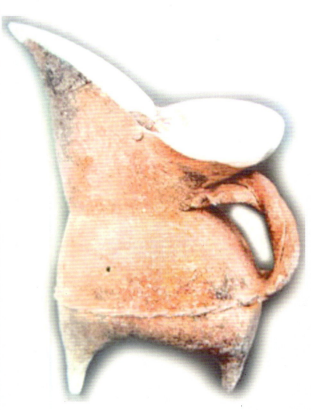

⬆ 红褐陶鬶

骨高耸，两鬓还有几缕卷发，但不管怎么看，都不像我们东方人。这便奇怪了，他到底是谁，从哪里来？考古人员带着这些疑问对其做了细致的考察工作，最后发现这个陶塑的存在时间竟和北庄遗址一样，已经超过了6500年。难道在当时，这里就已经有西方白种人的足迹了吗？如果白种人真的来过，那么，令人蹊跷的是：在那个洪荒年代，长

⬆ 人面形陶塑

蓬莱水城

好一个气势磅礴的登州古港——蓬莱水城。游走其间，神威无敌的守海铜炮犹在，震撼千年的军港气魄尚存，真不愧是我国现存最完整的古代水军基地。历经千年沧桑的蓬莱水城，如今风韵犹存，壮志昂扬的抗击倭寇之战都恍若眼前，道尽蓬莱水城往事。

蓬莱水城

历史回顾

自古就是天然良港的登州古港，西靠丹崖山，东连画河，南至紫荆山，北对庙岛群岛。它的悠久历史真是述说不尽。早在春秋战国时期，这里便是"海王之国"齐国的出海口；秦国时代，这里又是方士徐福东渡扶桑的出海地；汉代，这里摇身一变，又成了通往朝鲜、日本的东方海上丝绸之路的起点港。

自隋唐五代起，登州古港便进入了鼎盛时期，不仅是单纯的贸易商港，而且增加了军事基地的身份。唐代贞观年间，人们在这里取土筑墙，修筑了登州城垣，取名"水城"。到了唐中宗神龙三年（707年），登州古港的地位愈发重要，成为我国北方最重要的海港，被誉为渤海岸边的一颗"东方之珠"。

北宋庆历二年（1042年），朝廷为了防御北方契丹族的入侵，在此设置"刀鱼巡检"，派登州郡守郭志高在此修筑水寨，因当时水军驾驶的舰船叫"刀鱼船"，所以这座寨城又名"刀鱼寨"。

丰功伟绩

明朝初年，倭寇不断侵扰山东沿海州县，登州也未曾幸免。明代政府为了增强防卫能力，便在洪武九年（1376年）将登州设置为登州府，并在宋代"刀鱼寨"的基础上修筑水城。北砌水门，南设振扬门，以土城绕之，并引海水入城，以期抵御倭寇的侵扰，并易名为"备倭城"。明代万历二十四年（1596年），明人再次修缮水城，增设了军事建筑敌台，并且改画河流经水城南、东墙外为由城东入海，这样水城便形成了"东、南有城壕（护城河）可恃，西、北有丹崖险峻可凭"，北有水门，南有振扬门，城上有对敌作战的完美格局，真是陡壁悬崖，固若金汤。

明代天启年间，登莱巡抚袁可立在此操练水师，节制登州和东江两镇兵马，组成了一支5万余人的水师陆战队。这支军队配有先进的火炮和战船，作战力极强，袁可立对自己的军队也十分满意。他曾在奏疏中这样形容道："舳舻相接，奴酋胆寒。"的确，这支猛虎之师有效地牵制和遏止了后金的军事力量。蓬莱水城也形成了"峰顶通望处，逐设烟墩。屯田农幕，处处相望。商船战舰之抛泊近岸者，不知其数"的繁荣景象。此后，清代乾隆、道光、同治、光绪年间也曾多次修葺，但没有太大的变化。

蓬莱水城

蓬莱水城的水门，具有设闸蓄水的功能。平时，闸门高悬，船只可以随意进出；一旦发现敌情，只要将闸门放下，海上的交通便可以立即被切断。另外，在水门的两侧还各设一座炮台，并有驻兵守卫，这样的军事部署便进可攻、退可守，固若金汤。

明代嘉靖三十二年至三十三年（1553～1554年），民族英雄戚继光晋升为署都指挥佥事，在水城操练水师，英勇抗击入侵的倭寇。

恢宏现状

今天我们所能见到的蓬莱水城，仍颇有气势。它南宽北窄，呈不规则长方形，由小海、水门、码头、平浪台、水师营地、灯楼、炮台、敌台、水闸、护城河等军事设施组成，周长2200米，总面积达27万平方米。总体来说，水城的建筑可以分为两大部分：一是海港建筑，包括以小海为中心的水门、防波堤、平浪台、码头、灯楼；二是防御性建筑，有城墙、敌台（炮楼）、水闸、护城河以及有关的地面设施。这两部分共同构成了一个严密的海上军事防御体系，故而成为当时驻扎水师、停泊船舰、操演水师、出哨巡洋的军事基地。

⬆ 戚继光雕像

🔹 蓬莱水城

秦皇行宫遗址

"六王毕，四海一"，千古一帝秦始皇，于公元前221年建立秦王朝，傲视群雄。一统天下后的秦始皇，欲再展宏图，于是在全国大兴土木，而且处处是大手笔。短短11年，雄壮逶迤的万里长城、纵横阡陌的驰道网络、辉煌煜烨的骊山始皇陵、绣闼雕甍的秦皇行宫，便端坐在神州大地上。这些饱浸着百姓血与泪的大工程，和着"兴，百姓苦；亡，百姓苦"的呐喊，并没有被悠悠岁月冲蚀殆尽，今天仍可窥见昔日的点点光辉，只是当年的主人早已驾鹤西去，空留满腔的壮志豪情。

河北秦皇行宫

站在秦皇岛北戴河海滨金山嘴路东横山上，放眼秦皇行宫遗址，这里早已不再巍峨壮观，只有一大片黄土始终不离不弃。旁边永不知疲倦的渤海海浪，年复一年地浅吟低唱着古老的歌谣。不知这歌谣里有几分是怀念，有几分是叹息？让我们将目光再次聚焦这座秦皇行宫遗址吧，其面积为3000余平方米，显得无比的空旷，让人顿生莫名的凄凉

感。在这片辽阔的土地上，洋洋洒洒地分布着一片片布局整齐、井然有序的房基遗址。这些房基都是由长方形的柱础石砌就而成的，远远望去，倒是也能想象出当年的神气模样。

拥有"燕赵之收藏，韩魏之经营，齐楚之精英"的秦皇行宫，曾将一块块鼎铛玉石、金块珠砾，抛掷如沙。既然这样，那么在这座秦皇行宫遗址中，当然少不了珍贵文物。确实，菱纹、饕餮纹、卷云纹、双云纹、加贝卷云纹的各种瓦当，菱纹格空心砖，麻面大板瓦，直径180厘米的大陶井以及陶盆和巨大的柱础石等令人目不暇接。

其实，这样气势恢宏的秦皇行宫在秦皇岛很常见，如果鸟瞰这些已发现的行宫遗址，你就会体悟到秦始皇当时的得意。以秦皇岛为中心，其东北方向距离20多千米是石碑地，西南方向距离20多千米是金山嘴。石碑地以东有止锚湾，以西有黑山头。金山嘴以北有鸽子窝，以西有莲蓬山。这些地区均发现了秦皇行宫遗址，可谓"高低冥迷，不知西东"，足见其当时的恢宏阵势。

⬆ 秦始皇雕像

⬇ 金山嘴

辽宁秦皇行宫

　　河北秦皇行宫尚且如此，那么辽宁秦皇行宫又怎样呢？在辽宁省绥中县，总面积达14平方千米的6处大型宫殿遗址群，分别坐落于石碑地、黑山头、瓦子地、金丝屯、红石砬子和周家南山。其中，位于石碑地的碣石宫规模最大，也是整个遗址群的主体建筑。它的总体布局为长方形，占地面积达15万平方米。以碣石宫为中心，这6座宫殿呈合抱之势，组成了一处完整壮观的建筑群体，说它们"五步一楼，十步一阁；廊腰缦回，檐牙高啄；各抱地势，钩心斗角"一点都不为过。

　　碣石宫的修筑者真可谓匠心独运，他们巧妙地利用海滨景观来衬托碣石宫。在它的背后，以连绵巍峨的燕山做景，与逶迤起伏的长城做伴；而在它的前方，一望无际的渤海为其增添灵动，海上昂然耸立的3块奇形碣石又为其增添一份遐想。这3块碣石叫作姜女石。相传，这里就是孟姜女投海葬身之处，每逢落大潮，从岸边到礁石都会隐约现出一条巨石铺就的海中栈道。奇怪的是，这3块碣石临海而立，别具一格。如果我们站在不同的角度观赏它们，便会得到不同的效果。譬如，在黑山头观看它们，就像是一只褐色的公鸡屹立于海面，扬颈啼鸣；如果在院子里从正面观看它们，又宛若一位携着一双儿女的少妇在望海盼夫。

⬆ 碣石宫遗址

书页翻至此，你是否已经洞察了渤海的灵动，知晓了她的前世今生？

　　渤海荡漾，日夜谱写着新的传奇。然而，再细致的文字也难以写尽渤海的神秘与富饶，所以，未来的日子就让我们一起守望渤海、关注渤海、呵护渤海吧！

图书在版编目（CIP）数据

渤海宝藏/齐继光，丁剑玲主编. —青岛：中国海洋大学出版社，2013.6

（魅力中国海系列丛书/盖广生总主编）

ISBN 978-7-5670-0338-5

Ⅰ.①渤… Ⅱ.①齐… ②丁… Ⅲ.①渤海－概况 Ⅳ.①P722.4

中国版本图书馆CIP数据核字（2013）第127077号

渤海宝藏

出 版 人	杨立敏		
出版发行	中国海洋大学出版社有限公司		
社　　址	青岛市香港东路23号		
网　　址	http://www.ouc-press.com		
策划编辑	孟显丽　电话 0532-85901092	邮政编码	266071
责任编辑	孟显丽　电话 0532-85901092	电子信箱	1079285664@qq.com
印　　制	青岛海蓝印刷有限责任公司	订购电话	0532-82032573（传真）
版　　次	2014年1月第1版	印　　次	2014年1月第1次印刷
成品尺寸	185mm×225mm	印　　张	10
字　　数	80千	定　　价	24.90元

发现印装质量问题，请致电 0532-88785354，由印刷厂负责调换。